U0286328

F R A C T A L
ARCHITECTURE

林秋达——

著

中国建筑工业出版社

分形建筑

图书在版编目（CIP）数据

分形建筑 = Fractal Architecture / 林秋达著. —
北京：中国建筑工业出版社，2023.6（2024.10 重印）
ISBN 978-7-112-28692-8

Ⅰ.①分… Ⅱ.①林… Ⅲ.①建筑设计 Ⅳ.①TU2

中国国家版本馆CIP数据核字（2023）第078110号

责任编辑：张　建
书籍设计：锋尚设计
责任校对：张　颖

分形建筑
Fractal Architecture

林秋达　著

*

中国建筑工业出版社出版、发行（北京海淀三里河路9号）
各地新华书店、建筑书店经销
北京锋尚制版有限公司制版
北京中科印刷有限公司印刷

*

开本：787毫米×960毫米　1/16　印张：20　字数：263千字
2023年9月第一版　　2024年10月第二次印刷
定价：**86.00**元
ISBN 978-7-112-28692-8
（41154）

序 Preface | 分形建筑
——数字技术条件下建筑创新的探索

　　分形几何是数学家芒德布罗于20世纪70年代提出的一种描述自然界复杂现象的数学工具。分形具有自相似性、无限性、复杂性、丰富性等特征，能够揭示出自然界许多看似无规则却又有序的结构和形态。分形几何不仅为数学、物理、生物等学科领域提供了新的视角和方法，也为艺术、设计、建筑等领域带来了新的灵感和可能。

　　随着科技的发展和城市化进程的加快，未来人居环境将面临诸多全新的挑战和机遇。如何在有限的空间和资源中，创造出适应多样化需求、满足可持续发展、体现人文关怀的人居环境，是建筑设计的重要课题。在这个背景下，分形理论作为一种借鉴自然界复杂现象的设计方法，与建筑设计方法的结合将具有很大的潜力和价值。

　　数字技术是21世纪建筑行业的重要驱动力，为建筑设计提供了强大的工具和平台，使得建筑师能够探索更加多样化、个性化、智能化的建筑解决方案。数字化建造则利用数字技术，通过自动化或半自动化的方式来实现建筑构件的加工和建造，可以提高效率、降低成本、优化流程。数字化设计以及智能算法引发的智能建造产业革命，正在迅速推动整个建筑产业的升级发展。

　　在设计层面，各种三维软件、内嵌语言及插件、算法等大大拓展了建筑形体的创造及控制。程序可以生成人所想象不到的形体，人可以通过分析程序的生形逻辑认识形体的内在规则，从而有目的地改变形体。方案设计再也不是建筑师灵感萌发的形式创造过程，而变成了基于设计需求，构建生形逻辑，再通过程序反复求解的形式搜寻及优化过程。这种设计方法和设计过程的特点，产生了新的设计立意构思的途径。如何从各种条件及影响因素中找到合适的"关系"，进而设定或运用"规则系统或算法"，成为设计的出发点。

在建造层面，建筑生形的几何规则可以发展成建造的结构关系，进而发展出可以承受各种外力的结构系统。同时，生形几何规则可以指导大尺度建筑体量的构件分形分块，从根本上实现了建筑构造与建筑结构的逻辑对应，保证了建筑整体的连续与层级的清晰。此外，设计与加工、施工之间的联系方式以数据及软件参数模型为媒介进行传递，极大地提高了建筑师对建造的控制程度。比如，以建筑信息模型（BIM）及协同设计为基础的设计组织方式，使得设计团队里的局部工作得到整体统合，使得建筑设计及建造更加科学化。

在理论层面，复杂性科学理论在数字技术条件下可以更有效地指导并应用于建筑设计。如集群、分形、进化等理论可演化发展出各种规则或算法，用于复杂建筑形体的生成；蚁群、遗传等规律可用于建筑形体优化；自组织、自适应、混沌等理论可用于行为或形态模拟；人工智能可用于建筑构件的机器人数控加工等。一些哲学思想对数字建筑设计也具有重要影响，如德勒兹提出的"褶子""条纹与平滑"等哲学概念、过程哲学及生成思想、新唯物主义思想及其非线性材料观等。此外，数字技术与建筑设计的结合使得一些既有建筑理论得到进一步发展，如互动建筑设计可以真正实现建筑、人、环境三者的互动，从而为场所理论增加新的内容；再如建构理论推崇建筑形式忠实表现建筑的结构及构造逻辑，而算法生形及数控加工可以最大程度地实现形式与结构系统和材料构造逻辑之间的对应。

数字技术也为分形几何在建筑中的应用创造了条件，使得分形建筑从理论概念转变为现实实践。数字技术为分形建筑提供了有效的生成和修改工具，数字化建造为分形建筑提供了可行的实现手段。反过来，分形建筑为数字设计理论提供了丰富的灵感，为智能建造提供了广阔的空间。二者相辅相成，共同推动了当代数字建筑设计与制造的发展和创新。

借鉴自然界中分形几何学的特征，通过递归、迭代等原理来生成和表达复杂多变的建筑形态，分形建筑可以从许多方面为未来人居环境带来新的可能性：

（1）分形建筑可以提高空间的利用率和灵活性。分形建筑利用自相似性和无限性的特征，通过在不同尺度上生成多种形态和功能的空间单元，实现空间的最大化利用。分形建筑也可以根据不同的场地、环境、用户等条件，进行动态的调整和变化，从而适应多变的需求和情境。

（2）分形建筑可以优化能源效率和环境适应性。分形建筑参考自然界中的生物形态生成规则，如叶片、珊瑚等，可以产生具有良好采光、通风、隔热等性能的整体系统。

（3）分形建筑可以增强结构性能和稳定性。借鉴自然界中具有高强度和高稳定性的结构形式，如树枝、蜂巢、雪花等，可以生成优化的结构系统，提高抗震、抗风、抗压等能力，并减少材料消耗和自重。

（4）分形建筑可以丰富美学表达和文化内涵。分形算法既可以生成具有复杂层次、独特韵律等特征的造型语言，展现出与传统建筑不同的美学魅力；也可以借鉴具有深层文化意义和象征意义的图案和符号，如曼陀罗、阿拉伯花纹等，传达出与自然和谐相处、尊重多元文化等理念。

因此，分形建筑是一种具有创新性和前瞻性的设计方法，对于建筑设计理论及未来人居环境的发展具有重要意义。

作为一名长期从事数字建筑设计与教学的建筑师，我对《分形建筑》一书的出版感到非常高兴和欣慰。作者林秋达是我国数字建筑领域的优秀学者和实践者，他以严谨的研究态度和创新的设计思维，为我们展现了分形建筑理论的发展潜力和技术挑战。

本书从分形几何理论入手，阐述了分形几何与自然、人文、艺术、建筑之间的联系和影响，介绍了分形几何在建筑设计中的原理和方法；并通过一系列原创设计项目，对分形建筑在工程实践中面临的技术问题和解决途径进行了探讨。

　　本书是我国分形建筑专题研究与实践的先驱之作，为我们提供了一个全面深入了解基于分形理论的建筑设计方法的机会，对于推动我国数字建筑教育与研究的发展具有重要意义。本书既有深入浅出的理论阐释，又有生动形象的图解示例；对于促进分形几何理论与建筑设计实践的融合，探索分形建筑的美学和技术价值，以及拓展分形理论的应用领域，都有着深远的影响。

　　希望本书能够激发出更多读者对复杂性科学和分形建筑的兴趣和热情，也希望广大设计师能够与我们一起，共同关注和参与数字建筑的研究与实践，为建筑设计的创新、发展作出贡献。

清华大学建筑学院

2023年7月6日于北京

前　言
Foreword

1．从分形几何到分形建筑

我与分形几何的缘分始自2005年。当时我在哈佛大学攻读硕士学位，设计课程（Design Studio）作业是一个运动场馆的概念设计（见6.3.2节）。在设计过程中，我偶然发现将长方形沿对角线切割所形成的两个相似直角三角形进行重新组合，可以产生意想不到的丰富变化。在后来的研究中才知道，以简单规则为基础不断自我复制的方式，其实并没有那么"简单"。这种"深奥的简洁"被称为自我相似，是分形几何的一种基本属性，也是自然界许多复杂现象的成因。

这一经历在我心中种下了"分形"的种子，不断发芽；我对分形几何学的研究也自此一发不可收拾。

随着对分形理论的深入了解，我越来越渴望找到一个简单有效的工具和方法，将其运用于日常的设计过程，将理论与实践联系起来，而这也正是我研究分形建筑的初衷。在研究过程中，我以经典的分形理论为指导，从自然现象、社会现象和建筑现象中提取符合分形规律的规则与方法，以建筑学的方式进行分析与表述，试图形成一种可用于指导建筑设计的"规则系统"，在复杂现象和简单规则之间架起一座方法论的桥梁。

带着对分形几何的兴趣与执着，我把在硕士阶段还没有厘清的一系列问题带到了博士论文的研究中。在清华大学徐卫国教授的指导下，我于2015年完成博士学位论文《基于分形理论的建筑形态生成》。该论文也成为我的一系列建筑创作、设计研究与教学的重要线索与理论框架。

2．数学的门外汉

著名的荷兰版画家埃舍尔（M. C. Escher）比数学家更早地全面总结出17种平面镶嵌（tessellation）规律，并将这些规律运用于自己的艺术创作之中，完成了大量兼具数学与美术哲思的传世之作。但他认为自己是"数学的门外汉"，因此将自己对数学规律的诠释都归功于对数学艺术化的敏锐感知。

习惯于图形化思维的建筑师往往对高等数学的理论和公式心存畏惧。因此，本书提到的一系列数学概念运用并不追求和数学定义的严格对应，掌握艰深的数学知识也不是进行方法论研究的必要条件。分形规则算法是基于数学规律的，但是设计运用过程并不要求严谨的科学证明，其中所采用的原则更接近于艺术模糊化的原则。本书以埃舍尔对待抽象数学的态度，对有可能被运用于建筑设计中的数学规律进行形象化的阐述，形成特殊的建筑化的数学图形运用。

研究分形建筑的初衷，不是用艰深的数学术语让本来就抽象晦涩的设计过程更加复杂化，而是力图以简单明了的图解算法过程阐述与分形相关的建筑现象，提出一种理性化、图形化的设计方法，为建筑设计服务。

3．算法和工具不是目的

算法工具是设计方法论中最为明显，也最容易被掌握的有形部分，但本书的重点不在于形成的工具本身，而在于研究多样化工具背后的思维认知体系。本书对与分形相关的建筑现象和自然现象进行了规则的总结和建筑图解提取，以作为设计方法和设计工具的基本构架。在此基础上，我总结了跨平台软件基础算法的相似性，提炼出分形相关算法的根本共同点，制定了完整的算法系统和清晰的设计步骤。这种建筑设计方法及理论体系不拘泥于现有的软件平台，而是强调思路的明确性和工具的综合运用，可以随着计算机软硬件能力的提升，不断充实与完善设计思路和技术路线。

本书提出的5类工具（或称"规则系统"）是对现有分形现象的大致分类。这些分类均基于市场上较为成熟且具有一定潜力的算法工具，但又不局限于具体的软件类型。在我自己的设计与教学实践中，运用最多的是第4章中提及的IFS分形工具，并通过一系列建筑项目的实战演练，证明它是简洁、有效的。而对于另外几类工具，我在教学过程中仍在不断尝试，也已经有了一些实验性的成果。由于参数化设计工具的迅猛发展，最新相关研究和探索性运用大量见于网络资源，我在研究过程中所使用的算法、工具与数据，受益于网络上设计师之间的共同探讨与分享。许多运用虽仍处于图形性研究阶段，并没有与建筑设计产生直接关联，但本书将这些研究成果也纳入分形规则体系，并且对可能的运用范围进行了预测。

本书在讨论分形几何规则时，主要从形态学的角度进行图解思考研究，但这并不代表我认同为形式而形式的"形式主义"。建筑形态生成往往出于复杂的技术、功能、社会等原因，只是本书并不把建筑的功能属性和社会属性纳入讨论范畴，而仅侧重于讨论基于分形几何学的生成规则及其运用。

本书利用分形几何学和现象学的设计研究方法，认识建筑现象的复杂性与多样性，并从建筑现象中提取具有一般规律的分形现象，作为建筑实践的指导。我通过参数化设计课程的教学实践和工程实践，对设计理论进行检验，并对设计过程中出现的新算法和设计流程进行分类梳理。同时，通过对经典分形几何研究方法［计盒维数法（Box-Counting Method）和算法几何反求分析法等］的比较，尽量用简明扼要的建筑图解代替抽象的数学理论，用图形化的方式阐明感性的设计思维问题。

分形建筑设计方法也借鉴了格式塔心理学的方式，从分形的角度去理解复杂的自然现象和人文（建筑）现象之间的关联。本书试图提出一种适合建筑师（和其他设计师）的设计方法论与认识论，从分形的角度认识和理解复杂的建筑现象，提供可能的算法工具和手段，以及综合运用多种方式解决设计问题的试验性思路。利用明确的设计步骤，把复杂的建筑创作过程简化为以简单操作方式构成建筑形体与空间的设计过程。

　　本书对分形规则系统的探讨，特别是对复杂自然现象与建筑学性质之间转化与运用的探讨，仍处于实验性阶段。在教学研究与实践过程中的尝试虽然不够成熟，却具有很强的启发性和前瞻性。本书对设计方法的总结更倾向于探索性、试错性的，而非完备的、成熟的。在这个创新方法以几何级数增长的信息爆炸的年代，希望分形建筑的研究方式能成为时间维度中的一朵小小浪花。

目　录
Contents

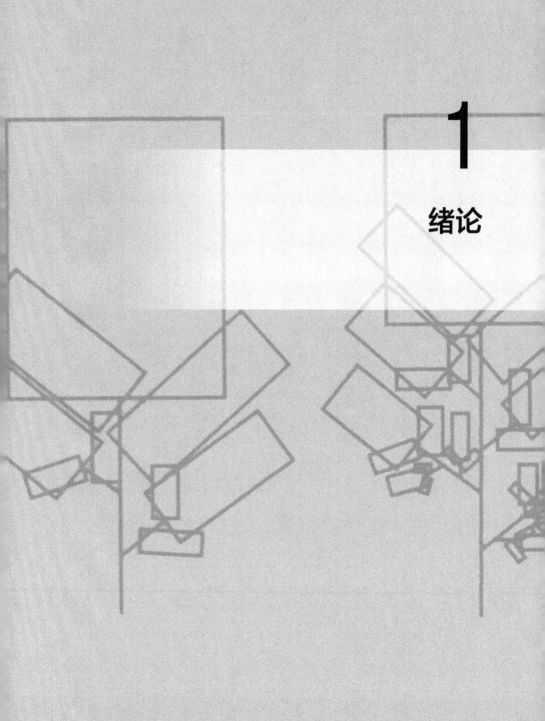

1

绪论

1.1 | 复杂科学与数字化设计技术

1.1.1 复杂性科学的发展

复杂性科学（Complexity Science）是当代科学发展的前沿领域之一，是一种跨学科领域的方法论与认识论，包括系统论、控制论、耗散结构理论、协同论、混沌理论、分形理论、孤子理论，等等。20世纪80年代，复杂性科学的方法论与认识论在各个领域都得到了广泛的运用，在自然科学、社会科学、人文科学等领域引发了前所未有的创新和变革。英国著名物理学家霍金认为"21世纪将是复杂性科学的世纪"。

复杂性科学的研究对象是复杂性系统，目的是揭示复杂系统的内在运行规律，提高人们认识世界和改造世界的能力。复杂性科学并不针对某一具体学科，以系统论为基础的方法论打破了各学科之间的界限，在各学科中寻找相互间的联系和统一机制。复杂性科学强调系统发展规律中的非线性、不确定性、自组织性、涌现性等。通过对系统的总体认知，对系统属性进行宏观与微观的分析，超越了经典科学中的线性理论和还原论。

虽然广义的复杂性科学内容宏大、观点众多，没有统一的理论框架和方法，研究仍处于起步阶段，但复杂性科学建立起了一种全新的分析复杂现象的方法框架和范式，引发了各个学科、领域基于复杂思维的定性和定量分析。复杂性科学对各学科的交叉、渗透正发挥着巨大的作用。

复杂性科学的认识论在社会、科技、文化领域的广泛传播同样渗透到了建筑领域中。很多著名建筑师和理论家试图利用复杂性科学和非线性思维打破现代主义之后建筑发展的僵局。彼得·埃森曼、弗兰克·盖里、扎哈·哈迪德等众多著名建筑师在创作中运用非线性的方式，创造了与早期现代主义国际式风格大相径庭的全新建筑形象。查尔斯·詹克斯（Charles Jencks）认为"非线性建筑将在复杂性科学的引导下，成为下一个千年的重要建筑运动"。

　　1975年伯努瓦·B. 芒德布罗（Benoit B. Mandelbrot）所著《大自然的分形几何学》（*The Fractal Geometry of Nature*）第一次明确提出了分形（Fractal）的概念和数学定义。人们对自然现象的理解从此不再停留于感性分析，而是可以运用基于分形几何的数学方法进行量化分析，开始理解复杂的自然现象背后蕴藏着的简单数学原理。人们认识到基于分形几何的"深奥的简洁"统领了大多数复杂现象，进而重新审视简单和复杂现象的区别，自然不再以一种无法形容的美来呈现（图1.1）。在分形几何学的基础上，进一步形成了深入探讨分形性质的分形理论，其运用范围已经超出了纯几何学和形态学的范畴。

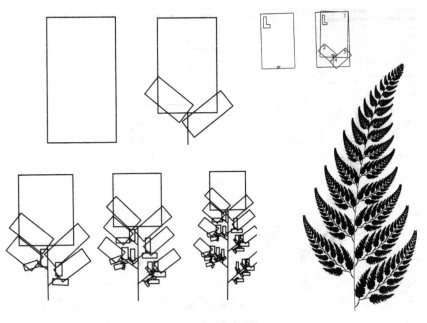

图1.1　分形蕨叶图解

分形理论是复杂性科学的一个重要分支，在众多领域引导人们认识复杂现象的简单成因；为复杂现象提出了清晰的理论构架及量化标准，成为一种重要的方法论和认识论；和混沌理论、孤子理论并称为现代非线性科学的三大前沿理论（图1.2）。

但是，分形理论并不是复杂性科学中完全独立的一个分支。分形理论涵盖了相关系统的众多分析方法，如突变论的参数不连续性、混沌理论中的随机性（randomness）、初值敏感性（"蝴蝶效应"）、分维性、普适性、不标度性，等等。分形理论具有了复杂性科学认识论和方法论的基本哲学基因，其对分形维度和自我相似属性的分析又提供了一种可量化的数学模型，因而在多个交涉学科中得到了迅速的发展。从最初具体几何形态的狭义分形，到抽象属性（功能、信息、社会结构、时间维度等）自我相似的广义分形，分形学的分析方法迅速地在社会科学、人文科学、自然科学、哲学等不同领域中得到了广泛的运用。

1.1.2 数字化设计与建造技术的发展

计算机的软、硬件能力以18个月翻番的摩尔定律速度飞速发展，在建筑、工程与施工行业（Architecture，Engineering and Constcuction，AEC），数字技术已经渗透到从设计到建造的每一个环节。在设计领域，从早期计算机辅助制图（Computer Aided Design，CAD），到建筑信息模型（Building Information Modeling，BIM），再到如今方兴未艾的算法设计（Computational Design）与参数化设计（Parametric Design），以及未来可能出现的人工智能设计（Artificial Intelligence Design，AID），数字技术已经成为设计赖以生存的血脉，以及实现根本变革的主要动力。图形化编程设计软件Grasshopper等数字工具在建筑设计领域得到广泛运用，参数化设计（或者算法设计）与计算机信息模型的结合产生了全新的设计方式，正逐步取代传统的计算机辅助制图，成为在可见的未来建筑设计行

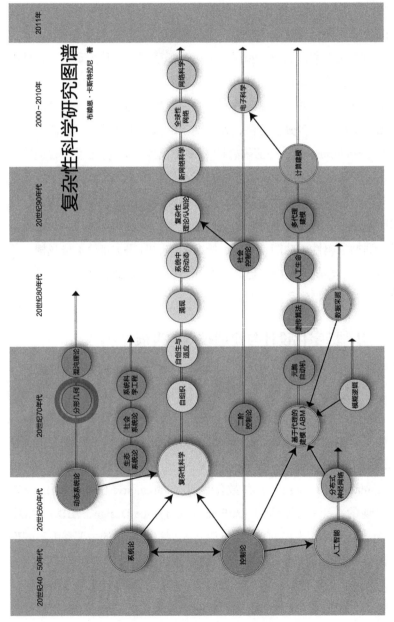

图1.2 复杂性科学研究图谱

业的翘楚。而人工智能对语言、图形、模型生成的突破性运用，也正预示着未来已来。

在建造领域，从最初的计算机辅助制造（Computer Aided Manufacturing，CAM），到机器人工业化生产、大批量定制工业化，乃至建筑三维打印，数字技术同样正以迅雷不及掩耳的速度推动着产业变革。数字化制造加工技术令复杂空间结构、双曲面建筑构件等传统技艺难以实现的建造工艺得以实现，将肯尼思·弗兰姆普敦在《建构文化研究：论19世纪和20世纪建筑中的建造诗学》中推崇的建造技艺推进到了一个崭新的高度。

数字技术不仅是一种高效的工具，更在方法论和思维方式上对建筑设计行业产生了革命性的影响。帕特里克·舒马赫（Patrik Schumacher）颇具争议的数字化宣言《参数化主义：一种建筑与城市设计的全球化新风格》（*Parametricism：A New Global Style for Architecture and Urban Design*）认为，以计算方法为基础的"参数化主义"正在取代现代主义、后现代主义，成为一种新的全球化风格。无论当今主流的建筑评论是否认同舒马赫的观点，从CATIA（Computer Aided Three-Dimensional Interactive Application）与建筑结合初显神威的毕尔巴鄂古根海姆博物馆，到风靡全球的扎哈·哈迪德风格的非线性建筑，非线性思维和数字化建筑已经在现实上改变了当代建筑与城市的面貌和普罗大众的建筑审美。

随着计算机软、硬件能力和参数化设计研究的飞速发展，计算机已经可以处理越来越复杂的三维形态以及多层次反馈的代理算法。算法工具已经脱离"辅助绘图"的初始角色，而在"辅助设计"与"辅助思维"方面发挥出了巨大作用。集群算法、涌现算法、多代理系统等需要依赖计算机高速迭代运算能力的计算工具正逐步成熟，其与建筑设计过程的结合日趋紧密。分形与迭代算法在建筑学和城市设计领域的运用，近年来受到人们的广泛关注，建筑师与规划师开始重视分形几何学在建筑空间与城市空间中的运用潜力。然而，分形几何学在建筑学领域的系统性研究起步相对较晚，虽然国内外学者和建筑师进行了大量探索性的实践，但真正从方法论和设计方法学的角度进行探讨的研究则明显不足。

1.2 | 分形几何的
跨学科研究

本书并未对复杂性科学和非欧几何学在建筑学领域的运用作全面的分析和论述，而侧重于从分形几何在跨学科领域的运用中提取与建筑设计相关的信息，并抽象为规则系统和建筑图解。因此，对国内外相关研究的关注也着重于从各学科领域中提炼对建筑生形图解有启发作用的方面。以下几类与分形几何学和复杂性科学相关的文献对本研究具有重要的启迪意义：

（1）分形几何学经典文献，以及分形几何在物理、化学、生物等学科领域运用的相关文献。

（2）分形几何在建筑学和城市设计领域运用的相关文献。

（3）分形几何在其他设计学科的延伸运用，如平面设计中的二维平面镶嵌等。

（4）与建筑心理学、格式塔心理学、视觉心理学等相关的研究。

（5）美学与哲学对建筑学领域中复杂现象的研究。

（6）中西方古建筑与分形现象有关的例证类文献。

国外学者对分形几何和复杂性科学的研究起步相对较早。数学家芒德布罗在《大自然的分形几何学》一书中创立了分形学说，第一次明确提出了分形的概念和数学定义，并列举了大量以往无法用数学原理解释的分形实例，是最为经典的分形理论论著，对分形几何在物理、化学、生物学、经济学等领域的运用奠定了理论基础。

海因茨·奥托·佩特根（Heinz-Otto Peitgen）等所著的《混沌与分形——科学的新疆界》一书，通过大量图示，在分形维度、递归结构、图像压缩编码等方面，对芒德布罗的分形理论进行了拓展，用图形化方式为分形方法提供了图解的基础。

1. 建筑学领域

由于参数化设计思潮与计算机工具的兴起，与生成式设计相关的设计研究和设计实践蓬勃发展，为分形算法研究提供了理论基础和丰富实例。

前计算机时代尤恩·伍重对"加法建筑"（Additive Architecture）的研究虽然并非有意识地基于分形几何，但已经可见分形几何图解的雏形。系统研究分形几何与建筑学关联性的专著有卡尔·博维尔（Carl Bovill）所著《建筑设计中的分形几何》（*Fractal Geometry in Architecture and Design*）一书，主要以计盒维数法等传统分形几何分析方法，对建筑实例进行图解分析，提出了建筑现象具有分维以及建筑学符合分形几何规律的例证。尼科莱特·萨拉（Nicoletta Sala）的论文《建筑中的分形模型：一个研究案例》（*Fractal Models in Architecture: A Case of Study*）采用了和卡尔·博维尔类似的计盒维数法进行建筑的分形维度计算。

在建筑理论方面，查尔斯·詹克斯《跃迁宇宙中的建筑》（*The Architecture of the Jumping Universe*）对复杂建筑现象进行了理论阐述和建筑评论，其中涉及与分形相关的建筑观点，提出复杂性科学对未来建筑学发展的意义。但他并没有从方法论的角度对如何解决设计问题作出具体论述，也没有对隐藏在复杂现象背后的机制（或者规则）进行探讨。复杂性科学是如何对建筑设计产生影响的，以及如何将复杂性科学的原则运用于设计过程等问题，在该书中也都没有涉及。

结构大师塞西尔·巴尔蒙德（Cecil Balmond）在《异规》（*Informal*）一书中，从算法建筑学的角度，对分形几何的运用提出了崭新的观点。其设计实例和研究虽然不是针对分形几何的，但其结构图解具有重要的启发意义。

彼得·皮尔斯（Peter Pearce）在《自然界的结构体系是一种设计策略》（*Structure in Nature is A Strategy for Design*）一书中，从仿生学和晶体学的角度提出了晶体三维图解建筑设计方法，虽然没有具体涉及分形原理，但许多案例已经包含了分形的特征。该书挖掘了晶体学在建筑学中的应用潜力，但所举案例的最终建筑形态与晶体结构体系模型非常类似，没有过多形态和空间上的突破。

将分形规则运用于建筑设计的研究，多见于丰富的网络资源。耶鲁大学关于分形建筑的研究对非洲、欧洲以及南亚印度传统建筑中的分形现象进行了归纳。罗恩·埃格拉什（Ron Eglash）的非洲分形研究提供了互动式的在线软件界面，运用分形中的迭代生成法则构建出与传统非洲建筑形象趋近的计算机分形图形，有力地证明了传统建筑具有分形属性以及用分形迭代重构传统建筑的可能性。

2. 建筑心理学

心理学家、美学家鲁道夫·阿恩海姆（Rudolf Arnheim）所著《视觉思维》和《建筑形式的视觉动力》，从心理学的角度对建筑形式的视觉动力进行了深入分析。他首次提出了心理力和物理力之间的差异，并运用视知觉原理分析了视觉符号的本质，对于本书关于分形视觉图解的运用具有深刻的指导意义。大部分建筑是静止的、不能动的，能改变形态的建筑或者能运动变化的建筑只是一些特例，但静止的建筑却能让人的心理产生动态的感觉，这就是视觉动力带来的心理影响。本书也将建筑的动态和运动作为一个要点，试图用分形几何学的方法来阐述如何形成建筑的动态感，如何在不违背自然重力规律的前提下形成建筑的复杂动态。

同样与设计心理学相关，胡宏述撰写的《基本设计——智性、理性和感性的孕育》一书从26个设计论点出发，通过清晰的步骤推导，从看似感性的设计实例中提取理性的设计图解和步骤，引导设计师从最基本的设计问题入手，追求复杂且感性的设计结果。该书强调感性思维在形成创意的过程中所具有的不可替代的作用，这也正是计算机无法替代人类进行设计决策的主要原因。与本书要达到的"从复杂到简单，再到复杂"的设计目的类似，其分析方法和本书的分步骤规则系统图解的方法异曲同工，为本书的建筑图解和算法生成提供了可供借鉴的案例。

3. 软件与算法

当下建筑界的参数化设计和生成式设计往往局限于主流的建筑计算机设计平台（如Rhino+Grasshopper等），而对植物学、计算机图形学等跨平台软件的运用较少。

普鲁辛凯维奇（Przemyslaw Prusinkiewicz）等人所著《植物的算法美》（*The Algorithmic Beauty of Plants*），以L系统（L-system）的方法提出了植物学模型的构建原则和系统。对Xfrog等非建筑学工具软件在建筑学领域的运用，首见于丹尼斯·多伦斯（Dennis Dollens）的研究《仿生建筑》（*Biomimetic Architecture*）。他从计算机仿生的角度，运用Xfrog软件模拟植物和生物形态的强大功能，建构具有植物学特性的建筑形态，为建筑学借鉴植物学的设计方法提供了一种创新性的思路。该书是少数探讨Xfrog软件在建筑学领域应用的研究之一。但所举案例大多以建筑学与植物学概念上相近的类比为出发点去设计建筑，所产生的建筑形态过于植物化，是"类比的植物"，缺少抽象性和纯几何性。本书并非从类比和生态学的角度进行设计，更多地着眼于几何学方面的生成原理，故不对植物学的算法原则进行深入阐述。

4. 平面设计领域

在平面设计领域，多丽丝·夏特施奈德（Doris Schattschneider）的《M. C. 埃舍尔：对称的愿景》（*M. C. Escher: Visions of Symmetry*）收集了

艺术家埃舍尔的大量草图手稿，并对其镶嵌作品的最初构思进行了深入浅出的剖析，试图从埃舍尔最初手稿的图解中发掘其构思思维的步骤。该书从埃舍尔提出的"我是个数学门外汉"的角度出发，阐述了埃舍尔如何以图形化和艺术化的方法推导出数学家都尚未发现的定理，认为不是非要掌握艰深的数学理论知识，才能创作出具有数学复杂性的艺术作品。

对建筑分形学研究特别具有启发意义的是该书关于埃舍尔分形镶嵌作品手稿的归纳整理。埃舍尔的原始草图具有较高的参考价值，这些草图中的原始辅助线使读者能够更清晰地判断和理解埃舍尔设计时的思路。在前计算机时代提出的这些简单的操作方法，为参数化设计图解提供了宝贵的经验。当前已经有许多成熟的设计软件能够对埃舍尔提出的17种对称集合进行高效重现，但当埃舍尔用简单的直尺和铅笔完成这些复杂草图的时候，他的思维已经远远超出了现有设计软件所能提供的所有菜单工具。该书告诉我们，复杂的结果不一定非要用计算机工具才能生成，有时候人的思维才是最复杂的算法生成器。

布兰克·格林鲍姆（Branko Grünbaum）等所著的《镶嵌和图案》（*Tilings and Patterns: An Introduction*）以及林迅所著《对称与图形创意》，对二维图案镶嵌领域进行了深入分析，对周期性图案和准周期性图案进行了系统归纳，提出了详尽的二维图解。二维镶嵌尚且能够如此丰富，将这些原理扩展到三维空间，更能产生无穷无尽的可能性，为本书从二维图解转为建筑领域的三维形态和空间分析提供了理论基础。《对称与图形创意》中引用的虚线包络框图和本书所引入的空间容器的概念（参见4.2.1节）类似，在虚线框中可填入任何形态的二维平面，使有限的镶嵌集合产生更加丰富的变化。设计师的创意就体现于在有限设计条件下产生无限结果的可能性之中。

德国汉学家雷德侯（Lothar Ledderose）所著《万物：中国艺术中的模件化和规模化生产》对中国传统建筑、美术、雕塑等领域的组件现象进行了系统分析，认为中国传统文化里的组件做法为大批量定制生产提供了设计和制造的基础。

上述丰富的相关研究为本书在研究方法上奠定了坚实的基础，从跨学科的角度拓展了本研究的思维和领域。

5．国内与分形相关的研究

关于分形与建筑、分形与城市，以及分形与艺术设计的论述，近十多年来屡见于国内建筑学领域的研究中。其中，分形在城市规划和城市设计方面的研究开展得相对较早，已有大量相关内容的文章，对城市分形维度存在性的验证和城市形态的分形现象提供了案例。也有许多论文从建筑形式、空间形态等诸多视角证明了分形现象在建筑学领域的普遍存在。

天津大学沈源的博士学位论文《整体系统：建筑空间形式的几何学构成法则》对与建筑学相关的几何原则进行了详尽的整理和总结，特别是对分形的相关研究进行了系统的分类和阐述，为本书进行分形规则系统的重新梳理奠定了良好的基础。同济大学马烨的博士学位论文《建筑及组群形态的分形几何学研究》等相关论著，从不同角度对建筑学中的分形现象进行了分析与总结，为本书采用图解方法重新诠释分形理论提供了丰富的案例。

这些研究主要侧重于对分形基本理论的介绍，以及分析分形理论与建筑学相关领域的关联性，阐述分形几何的基本原理，列举有关分形几何的建筑设计案例。但未见综合运用算法规则，用最基本的几何原理进行建筑图解操作，从而生成建筑的研究；也缺少从设计步骤和设计方法的角度解释分形现象、提取规则系统，进行深化提高的系统性研究。因此，运用跨专业的工具软件和知识对分形建筑生成进行系统研究，仍然具有较大的潜力和创新性。

在教育领域，徐卫国教授在清华大学、南加州建筑学院（SCI-Arc）、南加州大学（USC）等高校的参数化设计课程中，对自然现象进行设计图解分析和计算方法提炼，并运用于建筑设计的教学实践，在教育界是一种大胆的创新，为建筑学从其他领域，如化学、生物学、物理学等，提取设计图解和设计思维作出了有益的探索。学生通过对实验过程的设计和对实验结果的深入分析，抽象出符合实验现象的规则，并将其发展为能够运用于建筑设计的算法系统。学生不仅能利用现有的计算机工具，还能自主开发更符合实验结果的新算法，并将其与传统设计方法紧密结合，达到了较高的应用水平。教学过程经历了从认识复杂自然现象背后的规律，到抽象出规律图解，再到将图解升华运用的完整过程。这一教学方法无论对学生的建筑学基础、建筑素养，还是综合运用设计工具的能力，都是很好的训练和检验。

1.3 ｜ 分形建筑设计方法的特点

1.3.1 经典分形与建筑设计的弱关联

以往分形的各种研究成果和建筑设计方法与设计过程的关联较弱，主要体现在以下几个方面：

（1）经典的分形几何学论述是基于高等数学的，大部分建筑师无法把经典分形涉及的函数、微积分等众多抽象的数学概念直接作为一种设计工具进行运用。芒德布罗集，茱莉亚集的计算结果虽然已经被相关学者用计算机图形的方式进行了直观表达，但是其生成方法仍然是基于数学公式的。数学公式可以形成软件后台控制原理，但是如果将其作为前台的操作要素，则必然成为形象设计工具的障碍。

（2）大量分形图形和镶嵌研究都是基于二维平面图形的。二维的设计原理要运用于三维的建筑空间中，需要相应原理在第三个维度上的拓展。

（3）建筑学和城市设计方面的分形研究大部分是针对建筑学分形属性的阐述和证明。例如，运用计盒维数法等方式分析现有的建筑现象和城市现象中的分形属性，证明分维和分形属性的存在。如何以反证明的方式重现设计结果，进而指导建筑设计，则缺少相应的研究。

（4）关于分形的国内外研究往往仅限于对现象的分析，没有对设计方法和理论进行梳理，无法形成指导具体设计实践的理论体系。而对于实际运用了分形设计手法的建筑实例，也缺乏理论层面的总结和归纳。

因此，本书关于分形与建筑设计的研究主要着重于以下两个方面：

（1）跨学科性

本书所涉及的研究领域不仅仅局限于建筑学，更扩展到了物理学、化学、心理学、现象学、计算机图形学等领域；试图突破单一学科的限制，从多学科交融的角度阐释建筑学的分形现象。例如，任何建筑现象都来源于人的视觉判断，由此形成人对建筑空间的认知。因此，人对建筑空间的理解首先是主观的和视觉的，对建筑形态感知的研究不可避免地需要涉及视觉心理学和美学。

（2）动态性和抽象性的转化

分形几何经典理论著作中所描述的现象，大部分是动态的变化现象。动态现象涉及包括时间维度在内的多维度空间。由于自然分形现象的特殊性，特别是分形几何中对于不规则形态的难以描述性，要把分形几何或不规则的自然现象运用于建筑设计之中，具有较多的障碍。在从分形规则到建筑规则的转化过程中，最大的难点在于建筑语汇的转译。建筑物是静止的，如何把动态的变化过程抽象为静止且数量有限的建筑个体，为建筑设计过程所用，是建筑设计首先需要解决的问题。在设计过程中，需要建筑师综合运用对分形几何和传统建筑学理论的理解，以抽象和近似的方式进行简化，利用非线性的规则描述动态过程，表达"渐变"而非"突变"的动态现象。

透过现象看本质，从复杂的自然和社会现象中提取清晰的规则系统；化繁为简，从极其复杂的现象中提取最为简单的设计思路。本研究既是对全新的设计方法的探索和尝试，也是对未来可能出现的设计方法和建筑形态的预测。

1.3.2　分形与建筑的结合

许多研究成果已经用大量实例证明，建筑现象具有分形的特性，所缺乏的是提取分形特性作为一种可以运用的设计方法的类似尝试。例如，在以往的分形建筑学研究中，通常采用计盒维数法，用不同的网格大小对民居的平面布置进行分形维数的计算，用数据证明民居的布局形态具有分形的特性。然而，如何运用分形建筑学的方法重新生成这种分形特性，或者是创造出具有分形空间形态的新型民居，单纯依靠分形维度的分析，并不能提出解决方案。

罗恩·埃格拉什在非洲传统建筑分形性质的研究中，用简单的二维平面软件设计出与传统非洲装饰基本一致的新的几何形态。这一新的几何形态的创作过程，是基于严格的数学分析以及形象的软件操作过程的，直观而明确，可操作性较强。但是二维软件具有自身的局限性，只能作为一种验证，无法为生成三维建筑形态或空间作出进一步的贡献，软件工具需要在三维空间中得到拓展。

本书涉及的大量软件工具原先都不是服务于建筑学领域的，例如L-system、GrowFX是植物形态建模软件（插件），RealFlow是流体动力学模拟软件，Chaoscope是分形图制作软件，不一而足。本书通过一系列研究，提取其算法的共通性，对这些跨学科软件（插件）进行建筑学的转化和运用，让对数学原理和公式不感兴趣的建筑师可以将其作为形体推敲的形象化工具。

同时，本书提出了建筑分形与经典分形在研究方法和范围界定上的明确界限。分形最重要的原则在于无限的自我相似性，而在建筑设计领域，这种原则的运用必须限定在一定的迭代次数内，且应根据实际设计条件采用更为宽泛的分形限定条件。例如，由于现实建筑问题过于复杂，单一算法规则是无法满足所有运用要求的；因此，只要总体设计原则协调统一，整体和局部允许有不一样的设计规则。当建筑形体采用了某一种自我相似的规则，在建筑表皮或构件尺度上有可能采用与之不同的规则，却仍然符合建筑设计中多样统一、整体协调的原则。

1.4 ｜ 本书概述

本书共分为三个主要部分：第一部分（第1章～第3章），阐述分形几何学的研究背景和建筑分形的相关理论；第二部分（第4章～第9章），分别论述迭代函数系统、分支系统、分形镶嵌系统、粒子系统，以及分形集聚系统的规则、设计要点及其综合运用；第三部分（第10章、第11章），对未来建筑的发展加以展望并对分形的生命观、建筑观进行探讨。本书各章的主要内容如下：

第1章　绪论

本章对国内外各学科领域关于分形的研究进行了梳理，重点关注分形几何在建筑学以及城市规划方面的研究成果。这些相关研究是本书的重要理论基础，并为本书提供了丰富的实践案例及研究案例。本章提出了研究的预期成果和创新点，即分形理论指导下的建筑生形规则系统和设计方法。

第2章　分形理论的定义与相关观点

本章结合芒德布罗和肯尼思·法尔科内（Kenneth Falconer）等对分形作出的经典定义，为本书的分形概念进行了更加具体的限定，并对所涉及的两个重要概念——规则和系统进行了阐述。本章提取与建筑学领域相关的分形现象进行阐述与分析；同时，对简单与复杂、相似与自我相似、秩序与混乱、迭代等重要概念进行了分析与阐述。明确提出常规秩序系统和分形规则系统的关联性，为后续章节中对分形规则系统的研究奠定了基础。

第3章　分形规则系统与建筑学

本章作为将分形现象引入建筑学领域的章节，提出分形作为一种跨越尺度的特性，在自然现象以及各种人文、社会现象中普遍存在。从与人体尺度相关联的建筑空间，到更为宏观的城市空间，都具有普遍存在的分形特性，进一步阐述了分形和建筑学的相互关系。分形规则系统从形态学的角度模糊了各个尺度间的差异，并为建筑设计、城市设计等跨尺度设计领域提供了一种通用的方法。

第4章　迭代函数系统IFS与建筑设计

迭代函数系统IFS是构造分形图的典型方法。本章以迭代函数系统IFS和仿射变换的综合运用为基本方法，探讨在不同软件平台上生成三维分形建筑形态的算法和工具，分析了单元体设计、吸引子设计等重要操作原则。本章尝试提供一种与传统二维计盒维数法不同的设计和分析方法，为设计具有分形属性的建筑形态提供直观且易于操作的软件算法和工具。

第5章　分支系统与建筑设计

分支系统是最典型且成熟的分形规则系统之一。本章从常规分支系统出发，阐述分支算法的分形生成机制；并以常用的分支系统生成软件（L-system、Xfrog、3ds Max的GrowFX插件等）的分形生成特征为例，描述其在生成分形形态上的优势及其算法原则。

第6章　分形镶嵌系统与建筑设计

本章从二维镶嵌以及埃舍尔分形镶嵌入手，扩展到对三维空间晶格分形生成机理的阐述，分析了分形在三维镶嵌中的可能算法规则，提出了镶嵌中分形属性的成因在于三维空间晶格中单元元素的迭代嵌套。在本章中，三维晶格延续了IFS系统中单元容器的概念，每个晶格作为一个抽象的单元体包裹物，在内部不同层次上反复运用相同的迭代原则，从而形成分形现象。

第7章　粒子系统、空间点云与建筑设计

力和力场作为物体运动和动态的驱动，是运动复杂性形成的根本成因。本章从粒子系统生成分形现象的原因出发，阐述了粒子系统的力场类型、粒子的受力状态及其运动特征，提出粒子系统分形特征的形成原因在于其受力状态具有自我相似性的观点。同时，简述了其他常见的公式类分形软件，分析了分形规则系统与空间点云的关系，以及将数学公式生成分形的方法运用在建筑设计中的弊端与潜力。

第8章　分形集聚与建筑设计

和镶嵌的空间细分以及粒子系统的力场效应不同，集聚（aggregation）强调的则是单元体在空间中的聚合与空间的占用。DLA算法虽然可以生成分支状形态，但具有典型的空间占用属性，因此本章将堆叠、元胞自动机和DLA归入集聚类型，分别阐述各种类型生成原理的异同及其运用。

第9章　分形规则系统在建筑设计中的综合运用

本章作为第4章至第8章所列举的各类分形规则系统的综合运用章节，以参数化教学和设计实践为例，重点讨论了如何综合运用各种不同的算法和工具进行建筑设计，以及在设计过程中可能碰到的问题和初步解决办法。在参数化设计教学过程中，采用可控的微观实验（如液体、火焰、折纸、水波等）与宏观自然现象相关联的设计方法。此外，本章还以实际项目为线索，探讨了分形规则系统和设计方法在建筑实践中的运用。

第10章　分形与未来的建筑学

本章主要探讨未来建筑学的发展趋势及分形现象在建筑学领域的应用前景。在当前的经济技术条件制约下，分形现象无法在更宏观的社会条件下得以实现，但乌托邦建筑理想和大量科幻电影场景却大大拓展了建筑师的设计思路。本章以在乌托邦建筑和科幻电影中出现的超现实城市空间分形现象为例，阐述了分形规则系统在未来建筑学中应用的可能性。

第11章　分形的生命观与建筑观

本章从建筑全生命周期以及历史观的角度，提出在历史发展进程中，自我相似和分形现象普遍存在。分形规则系统不仅是一种建筑设计手段，更是一种认识手段。建筑师与规划师应从分形的视角，更加宏观地思考建筑的发展。本章探讨了建筑风格、算法的价值、计算机工具的时效性，以及如何辩证地运用分形的哲学观点认识世界。

2

分形理论的定义
与相关观点

本章从分形的经典定义出发，对后续章节将要详细阐述的核心概念与定义，如分形、规则、系统、自我相似等，进行了剖析。

数学上的经典分形概念为分形在数学及其他领域的应用奠定了理论基础。本章对建筑学领域的分形规则运用进行了定义上的进一步限定，提出建筑分形是数学分形的子集，但又与数学上的纯粹分形不同。

本章提取与建筑学领域相关的分形现象进行阐述与分析；同时，对简单与复杂、随机性、相似与自我相似、秩序与混乱、迭代等重要概念进行了分析与阐述。明确提出常规秩序系统和分形规则系统的关联性，即常规秩序系统是分形系统的特例。本章把法国哲学家吉尔·德勒兹（Gilles Deleuze）的褶子哲学概念作为一种理论基础予以引入，与下文将讨论的自上而下和自下而上两类生成规则系统相互对应，阐述了褶子作为一种机制，在生成与细分（展开与打褶）两个不同向度上的运用。通过对比哲学的褶子与分形的异同，引出"子整体"的概念，为后续章节展开对分形规则系统的论述奠定了基础。

2.1 | 分形与规则系统的定义

2.1.1 分形的定义

1. 芒德布罗的经典分形定义

芒德布罗在《大自然的分形几何学》中创造了"分形"这个特定的词汇："由拉丁语形容词fractus创造了'分形'一词，组合词自然分形（natural fractal）用于指代一种实际上能由分形集合表示的自然图形。"

芒德布罗如此定义分形集合："（1）如果称集F是分形，则认为其豪斯多夫维数（Hausdorff dimension，或称分形维数）严格大于其拓扑维数，即Dim(A)>dim(A)；（2）部分与整体以某种形式相似的形，被称为分形。"芒氏定义认为分维和自我相似是分形的两个基本特征，分维是最重要的决定分形特征的概念。

具有分形属性的典型例子有：芒德布罗集、茱莉亚集、康托集、谢尔宾斯基三角形、科赫曲线等。分形并不局限于几何图案，也可以被用来描述一个动态的过程。如果把时间也当成一种维度，那么分形现象不仅包括了从一维到三维的几何形态，还包含了在时间维度具有分维属性的对象，例如涌现理论中的集群现象。

在许多学科的延伸研究和运用中，芒德布罗对分形的原始定义很难包括分形现象丰富的内容。因此，通常是对分形的一些重要现象进行阐述，并把这些现象归入所谓的"分形集合"（fractal set）之中。

2. 英国数学家肯尼思·法尔科内的分形定义

英国数学家肯尼思·法尔科内，在芒氏定义的基础上对什么是分形进行了深入的阐述。他认为，如果称集F是分形，即认为它具有下述典型性质。

（1）在大多数情况下，F由非常简单的方法定义，可能由迭代产生。

（2）一般来说，F的分形维数（以某种方式定义的）大于其相应的拓扑维数。

（3）F具有某种自相似形式，可能是自仿射的自相似或统计上的自相似。

（4）F不能用传统的几何语言来描述，它既不是满足某些条件的点的轨迹，也不是某些简单方程的解集。

（5）F都具有任意小尺度下的比例细节，或者说都具有精细的结构。

肯氏定义强调了迭代的作用，进一步明确了自我相似的产生机制，因而对分形形态的设计更具有实际意义。但肯氏定义中的分形仍然是数学抽象概念上的，针对的是"任意尺度"的无限分形集合。因此，本书的定义需要在肯氏定义的基础上作进一步的限定，以符合建筑设计的需要。

3．本书对分形的定义：建筑分形的界限

在《大自然的分形几何学》中，芒德布罗明确指出分形现象只存在于某种特定的尺度范围。例如一段被截出来并刨光的木头表面，虽然木头的孔隙范围是有可能无限缩小的，但是木头的截面面积可以近似地认定为常数。不仅是数学，其他任何科学研究都必须带有一定程度的近似性和范围限定。在建筑设计范畴，近似性更不可避免。设计不可能是严谨的数学推导，建筑师对某一特定建筑问题的判断和裁定也永远不可能如同明确的数学公式。

本书的研究范畴是建筑学领域，尤其是建筑空间与几何形态方面运用的分形规则系统；因此，芒德布罗和法尔科内的分形定义并不完全适用于本书的研究对象。建筑分形的具体限定，是基于法尔科内分形定义展开的，但对于其内容和外延进行了适用于建筑学领域的限定和拓展。

（1）在同一形态下具有跨越尺度的结构，也就是总体结构本身具有不同尺度的细节。

（2）具有一定的尺度界限，具有"不小于人体感知尺度"的比例细节。

（3）具有统计意义和拓扑意义上的自相似性质。

（4）由具有不同尺度的单元体组成，单元体之间具有拓扑意义或建筑学意义上的关联性。

（5）可以由"有限次的迭代"产生。

《大自然的分形几何学》中提到了海岸线的界限值，认为超出界限值，则衍生出的分形现象不再属于地理学范畴。同理，本书对建筑分形的具体限定，是经典分形集的一个适合于建筑学领域的子集。超出界限值范围（或特定定义范围）的集合将不属于建筑学范畴。例如，超出人体可感知尺度（过于宏观或者过于微观）的分形现象不在本书的讨论范围内。

在芒德布罗的原始"分形"定义中，分维是一个关键性的概念。但由于分维过于抽象，在本书的定义中，分维只作为一种既定属性存在，而不作为具体的限定因素，以避免陷入过于抽象化和数学化的讨论。

2.1.2 规则系统的定义

1. 系统的定义

"系统"是由一定数量的个体，根据一定的规则相互关联所组成的群体，这个群体能够完成单独个体所无法完成的功能。"系统"具有整体性、相对独立性、结构性、功能性、环境适应性等属性。

"系统"由个体构成，源于个体，却高于个体。"系统"不仅仅是众多个体的"集合"，而是个体之间因复杂的相互作用而形成的整体。"系统"的定义强调了其整体性以及随环境变化的适应性。

2. 本书对分形规则系统的定义

分形规则系统：用系统的方法，以一系列清晰的步骤和指令集合，来阐述和解释分形相关现象的策略机制。

2.2 │ 相似和
自我相似

自我相似（又称自相似，self-similarity）是分形最重要的性质之一。在数学中，自我相似是指物体的一部分和总体相同或者相似。例如，海岸线曲线的一部分和整体曲线呈现相似的复杂性和外观特征，具有相同的分维度。这种相似性具有"无标度性"，也就是不论尺度如何，相似性不变。自我相似不一定是形态意义上的相似，也可能是统计意义上的相似。

相似用于形容两个物体（系统）之间的形态近似度，是物体与物体外部之间的关联，是物体的外部属性。自我相似则指出了同一个物体（或系统）不同部分（或层次）之间的关联度，是具有分形特征的物体所特有的内部属性。

相似或者相同的物体在计算机中可以通过复制实现。复制是一种线性的规则，缺乏迭代中的反馈机制，复制后相似物体的集合不具有整体的特性。相似物体和整体之间互不关联。相似物体改变了，其集合并不一定会发生相应的变化。自我相似则是通过迭代反馈实现的，单元体的集合具有整体的特性，相似的整体和局部之间通过反馈机制进行整体关联；整体影响局部，局部也反作用于整体。线性的迭代可以形成类似复制的效果；因此，我们可以认为复制是迭代的一个变量为常数的特例。

复制和自我相似是复杂性与简单性相容并互为转化的一个很有说服力的实例。在视觉艺术中，韵律感的形成有赖于多个（一般为3个以上）类似物体以一定的规律并置。在将这种类似物体定义为某种自相似单元体以前，对复制原则的线性理解和"简单"重复，造成了无数毫无生气的建筑环境和千篇一律的"兵营式"布局。简单复制是自相似体系中一个固定常数的特例，而这种特例最容易在视觉上被辨识并加以重复运用。然而简单复制所形成的韵律感是极其有限的，只在对建筑的动态观察中，由于视觉错差和第四维——"时间维度"的介入，才能真正体现出来。这种韵律感往往被一种"稳定感"所取代，生硬、静止，缺乏动感和张力。

2.3 | 分形与随机性

任何大自然所产生的物体，都不是绝对完美的。自然的产物不可能像数学计算结果一样精确无误，必然存在各种偏差。这些偏差来自于自然界中的各种力和影响因素，这些影响因素以一种非线性的方式作用于初始的控制系统中。在复杂科学中，"蝴蝶效应"是混沌理论最为典型的例证。混沌（chaos）的魅力就在于微小的扰动（无论是初始输入，还是过程输入）都会对最终结果产生不可预测的影响。随机性实际上是必然性的一种产物，具有随机性的概率才是必然的，不具有随机性的概率是偶然的。从根本上讲，不可预测才是普遍的，精确预测反而是混沌的特例。

随机性作为自然的产物，也是自然美感中非常重要的一个部分，缺少了随机性的物体会显得过于造作与人工化。如图2.1所示，没有引入随机性的

图2.1 引入随机性的L-system树形图案

L-system 树形图案呈现完全对称的形态；而引入了随机性、在同一规则下生成的分支，则更接近于自然界的植物形态。

"人的想象力总是先于大自然而枯竭"。在计算机生形的过程中，随机性产生的结果是算法建筑学突破建筑师惯性思维的重要因素。设计者控制的是算法结构和运算过程，但即使是受控于吸引子的收敛性计算结果，由于随机扰动的作用，其运算结果仍然呈现非线性的变化。这种非线性变化是不可预估的，为设计过程提供了线性思维所无法提供的设计超越性。

在本书中，我们将这种不可预见和不可控因素产生的结果统称为混沌性。混沌现象中产生的波动和扰动具有复杂的生成机制和相应的成因，不仅仅是一种简单的随机噪波（noise）。例如，在树木的年轮中，如果每一年的气候情况和植物的营养状况完全一致，那么树木的年轮应该是完全一致的同心圆。但是，由于自然环境在植物的生长过程中必然存在的各种变化，造成了年轮的疏密变化。在不同的软件中都存在着随机性运算这一重要工具。这里我们将"扰动"简化为计算机中随机性的表述，其目的并不是将自然和社会中的混沌现象归结为随机（random），而是为了从设计操作性的层面对这一重要因素进行化简，从而探讨一种在设计过程中可控且可量化的方法。

2.4 | 简单性与复杂性

格式塔心理学将人的心理倾向于回归最简化的过程称为"完形"的回归。人的心理会不由自主地将一切不符合完形的事物在脑海中向一个熟悉的（或是最简化的）完形靠拢。传统的秩序就是一种符合格式塔心理学的"不言自明"的"简单"的秩序。统领这种秩序的规则是一目了然、易于理解的，符合常人的判断标准。

　　在传统的美学观念中，以下现象都是经典且可理解的：对称、阵列、复制、旋转，还有在中西方建筑中都非常重要的"轴线"等。这些概念之所以被列入传统的秩序美学里，是因为依照这些规则生成的主体，无论在人的视觉中，还是思维中，都是无需太多思索就能准确把握的，并且在设计过程中可以非常简单地复制。简单、易于理解、易于原样复制，因而就容易被接受。于是，人这种天生的"偷懒"心理造成了"因简单而接受"的循环，也因此造就了无数"经典"的设计范式。"中轴对称""简单复制"的古典学院派设计手法统领建筑界数千年，直至早期现代主义建筑的引入，才打破了传统秩序一统天下的格局。

　　"复杂"是与人们所习惯的"简单"相对应的。人们习惯于把一眼能分辨出其构成原则的形象归为"简单"；反之，无法凭直觉发现其构成规律的形象则被归为"复杂"。在传统的设计概念中，由于线性思维的主导以及欧几里得几何形体原则的普遍运用，建筑形态呈现出一种人们极易识别出其构成规律的"简单"。和"原型"回归心理一样，人同样倾向于将不符合传统秩序的现象称为"无序"或"杂乱"，把它们归入不可理解的混沌范畴。复杂的事物不容易被认同，因为透过复杂现象看穿本质需要太多的复杂推理和验证思维。

　　这种心理上的瞬时反应体现了线性与非线性思维在视觉心理上的本质区别。这也是人们将单个形体的复制或数量较少（如3个以下）的多个不同形体的并置归为简单；而将自然形态，如树叶的分布、云的形态等，归为复杂的原因。

　　然而，视觉上能产生所谓"动态"或"张力"的形态，却往往存在于"复杂"的形体中。罗伯特·文丘里以对历史建筑的广征博引阐述了他对建筑"复杂性与矛盾性"的偏爱。在《建筑的复杂性与矛盾性》一书中，他明确表达了对含混不清、视觉并置等有违于早期现代建筑原则的传统建筑现象的青睐。虽然后现代建筑最终走向了对建筑符号化意义的过度沉迷，但这部后现代主义建筑的经典论著却深刻预测了强调"简单"的早期现代建筑理论将无法适应复杂的社会现象与技术需求，而崇尚"有序复杂性"的新建筑将不可阻挡地取代无趣的"简单"。

复杂可以分为两类，一类是基于秩序和规则的，称为"有序复杂"；另一类则完全是"杂乱无章"，或称为"无序复杂"。二者的区别在于，没有内在生成规律的复杂只能被称为"混乱"。噪声和乐音的区别在于：乐音是由发声体有规则振动产生的；而噪声则是发声体无规则振动产生的，缺少节奏的相似性。同样，单纯而没有韵律的视觉复杂性并不能形成视觉兴趣点。建筑被称为"凝固的音乐"，因为两者之间都具有"韵律"通感。如同音乐中有序的抑扬顿挫与噪声的区别一样，有序的非线性复杂将产生强烈的动感与韵律感，形成视觉与心理上的"动力"，有明确的指引性和导向性。反之，纯粹追求"复杂""为复杂而复杂"产生的则往往是没有美感的形态。例如，一棵优美的树，一片层次丰富、错落有序的山林，与一丛杂草具有显著的区别。

然而，完全的秩序会让人产生厌倦感，无法满足人对微小变化和随机性的心理需求。人们心中渴望的其实是一种具有缺陷的美感。建筑对不完美的追求，使当代建筑学引入了与传统建筑学不同的"动态对称性"以及对秩序全新的解读。

2.4.1 静态对称与动态对称

传统对称指的是以某一轴线为对称轴，将图像镜像并置所形成的图形。对称具有极好的稳定性和可识别性，并因可引发与人体对称相应的心理感受，而在传统美学中具有无可取代的地位。在中西方建筑的任何历史时期，对称性都是一种操作性很强且认同度很高的设计手法。从故宫的轴线对称，到殿堂、庙宇的空间对称，再到家具装潢的对称，对称布局所带来的稳定感和中国传统建筑以中为贵的居中思想，在社会学上达到了高度的一致性，并奠定了其不可动摇的地位。

对称在传统意义上是简单的。对称轴两侧的形体从分形的角度来看，仍然是同质的"单元"，正常情况下需要3个以上的"单元"才能形成的韵律感，由于对称的镜像作用，也形成了一种特殊的"韵律"。对称从心理学的角度看，具有力量的均衡性，因而在心理上具有稳定感。

从更广义的构图原则来看，只要是力量均衡，其实都可以看作一种动态的对称。在图案设计中，动态对称可以由多种方法来实现，如中心旋转、平移复制等。而更复杂的分形对称则需要在"吸引子"的作用下，形体比例、角度、位置等因素同时变动。分形对称可以产生静态对称所不具有的动感和韵律感，却能同时保持静态对称的视觉和心理稳定感。

静态对称是动态对称的一种特例。如图2.2所示，传统魔方无论如何旋转，都能够回归正方体的形态，因而可以被视为简单形态；而镜像魔方通过多次旋转后，已经无法用原始的正方体进行描述，因而被视为复杂形态。但是，传统魔方与镜像魔方的形态同样是基于轴旋转原理的，不同的仅仅是镜像魔方采用了不对称的旋转轴。

对比普通的地面拼花铺砖、伊斯兰传统纹样，以及著名版画家埃舍尔的平面镶嵌，就可以明显地看出，普通的地面拼花是简单的，因为它们的设计仅仅运用了平移、镜像等一般意义上的对称设计手法。伊斯兰传统纹样相对于普通拼花来说，有了更多的层次，因为诸如旋转对称、平移镜像

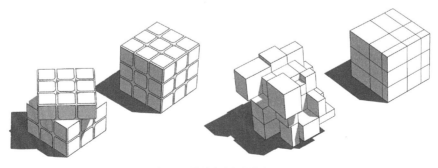

图2.2 传统魔方与镜像魔方

等数学上更复杂的动态对称手法被引入其中。埃舍尔的平面镶嵌则已经可以被归入复杂的类型，因为不仅数学上全部的17种对称类型都被囊括其中，黎曼几何、分形几何等更复杂的非线性数学中的原理也得到了创造性的运用。于是，简单的地面拼花图案成为复杂的埃舍尔平面镶嵌的一个子集（图2.3、图2.4）。

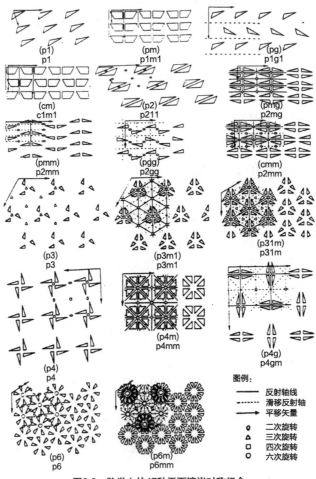

图例：
—— 反射轴线
---- 滑移反射轴
→ 平移矢量
◎ 二次旋转
△ 三次旋转
□ 四次旋转
○ 六次旋转

图2.3　数学上的17种平面镶嵌对称组合

图2.4　普通地面拼花（左图）、伊斯兰传统纹样（中图）与埃舍尔平面镶嵌（右图）

2.4.2　解构主义与复杂性

受当代法国解构主义大师雅克·德里达哲学思想的影响，埃森曼的解构主义建筑手法强调了对语义的多重追溯，强调建筑语言要素的自律性。在对建筑自主性原则进行探讨的基础上，将"多重图像的并置"作为对建筑语义的探求法则，并将由这种操作过程产生的随机复杂性引申为建筑意义上的消解与重构。在解构主义的哲学原则中，文本的解读不是单向的，作者对文本意义的传达不能最终控制读者对文本意义和结构的重构，解构主义建筑师也因此将之作为建筑不可读的理论依据。

埃森曼的早期作品擅长运用重叠来形成复杂的建筑效果。在他的解构主义哲学理念中，建筑的各个部分互相割裂，且具有多重可读性，因此他把不同时间、不同范畴、不同情况下的各种因素进行空间和时间上的并置。在韦克斯纳视觉艺术中心项目的设计中，不同时期的历史遗迹被作为图层，根据时间的先后顺序并置于基地中，形成一种混沌且令人困惑的现象（图2.5）。这种复杂性实际上就是由平面上的多重图案叠合造成的。在各个要素叠合之前，视觉上的复杂度实际上并不大，复杂性并没有产生，人的视觉心理可以非常明确地看到各个图层形成的原理；而各个图层互相叠合以后，视觉心理已经无法清晰地分辨出各个图层之间的关系。这时形

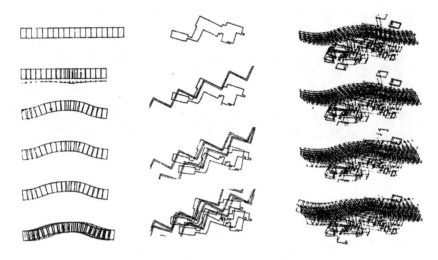

图2.5 埃森曼的"多重图像并置"图解

成的复杂度就类似于视觉上的维数压缩，把所有维度的简单因素全部压缩到了一个维度中，形成了这个维度的叠加复杂性。

无可否认，建筑师"主观"的"文本操作"产生了某种随机复杂性，当这种偶然复杂性原则与本书所阐述的有序复杂性原则相契合时，秩序与美感就产生了。但这种偶然的契合性只能寄希望于建筑师对美学规律的把握，无法真正形成可以适用于大众的设计指导原则。

多步操作最终形成了设计成果的复杂性。操作的复杂性需要多个层次叠加形成，第一层次的简单变换结束后，以第一次操作的结果作为基础，再加一层简单变换，原来的思维和操作痕迹就被掩盖了，形成了完全不同于两个层次叠加的复杂性。简单的操作步骤+反复的操作=复杂的最终结果。这里形成的复杂性不是简单的代数叠加，而是一种混沌的复合叠加结果。分形设计方法寻找建筑规律的关键步骤，就是从复杂的现象中找出原始操作的规律，并且加以还原，也就是设计的逆向解码工程。

2.4.3 深奥的简洁

经典的建筑学教育告诉我们，设计应该从简单入手，复杂只是简单的一种延伸。可是事实正相反，简单是复杂的一种特例。我们的一切经典建筑案例，只不过是复杂的自然界中非常小的一个子集。如果要扩展建筑学的范畴，必须先向自然法则学习。自然界的复杂现象其实只是最终的结果，其形成的基本规则系统仍然是简单的。当学会了用"深奥的简洁"这一观点重新审视简单和复杂的区别时，人们眼前的形象就会完全改观了。自然不再是以一种无法形容的美来呈现，一切的变化看起来井然有序。

造物主本来就是"偷懒"的，试图用统一的规则去创造无限丰富的大千世界。由于自然界系统的复杂性，最终形成了不可预测的结果。分形中简单和复杂互为转化的观点，将揭开复杂现象神秘面纱下的"建筑大观园"，帮助设计师理解其背后的真正成因，为创造未来更贴近自然和人本理念的建筑学提供一种简单、可行的思路。

2.5 | 分形与拓扑

在形态学范畴，分形探讨的是形态维度连续变化的问题，拓扑学探讨的则是形态或者空间在连续性变化下的不变性质。在拓扑学中没有形态全等的概念，只有拓扑等价的概念。在拓扑学的形态概念中，圆球和立方体具有完全相同的拓扑结构，因而是"拓扑等价"的；而面包圈和圆球则不是拓扑等价，因为面包圈在拓扑结构上具有一个"洞"。

芒德布罗认为，在数学的严格定义中，拓扑无法解决分形维度变化的问题，拓扑学无法区分连续性形态维度上的不同。例如，连续的海岸线和圆周是拓扑等价的，但是海岸线和圆周具有不同的分形维度，在分形中属于不同类别。分形的定义已经超出了拓扑学的范围。拓扑学无法分辨简单的物体和复杂的物体，因为只要能实现拓扑变形，它们在定义里就是同一个物体；而分形的定义则将简单物体和复杂物体借由分形维度进行了划分。

但正因为拓扑对分形维度的忽略，使得这一概念成为分形设计方法中极为有效的"模糊化"原则和连续性视觉表达手段。拓扑形态的连续变换过程可以成为体现分形维度连续变化过程的重要手段。例如，从光滑的曲线连续拓扑变换为具有分维的海岸线。舞蹈《千手观音》的动态形象可以认为是由多个拓扑形体共同形成的，每一个舞者都是一个拓扑等价的单元，利用拓扑变形的视觉并置实现了静态物体的动态感（见图3.25）。

同样，在迭代分形生成的过程中，单元体可以产生各种拓扑变形。例如，在计算机动画中，花作为一个拓扑单元体，可以在不同的枝干和层级上有不同的开放比例和分布程度。基于相同原理，可以用动画的方式来设计建筑：每一个层级迭代中的建筑单元（房间或者建筑构件）都可以实现不同的拓扑变形，进而创造出更为丰富的多样性和强烈的动态韵律。

在本书中，由于设计方法和简化的需要，对建筑范畴的分形定义实际上是融合了拓扑学和经典分形的定义，在数学上不严格拓扑的物体和不严格自我相似的物体，都以模糊化的原则被纳入了规则系统的分形单元体定义之中。

例如，计算机中的三维物体进行变形（morph）需要特定的先决条件：网格具有相似的拓扑结构且具有相同数量的节点。如果不具有相同的节点数量，软件的拓扑变形就无法实现（图2.6）。但是在建筑设计过程中，需要进一步放宽这个定义的范围。建筑单元体的拓扑变形不需要严格遵守数学原理和计算机变形的限制。只要具有建筑学和类型学意义上的相似性，属于同一种类型，就可以进行分形的迭代变形（参见4.2.1对空间容器的讨论）。

从建筑设计的角度，"拓扑同胚"的概念可以被扩展至"同族"，将数学上严谨定义的概念进一步模糊化，而制定出一种更为宽泛的区分标

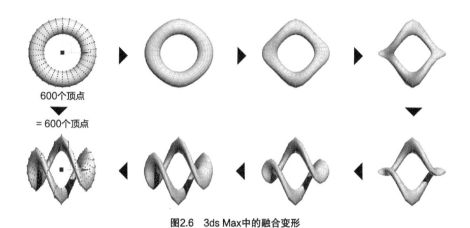

图2.6　3ds Max中的融合变形

准：只要是基于同一构成原则的基本单元体，都可以成为同一个家族的成员，即使它们具有完全不同的拓扑结构。基本单元体允许进行更多的基本变换，甚至添加不同的细节。例如，同一类型学范畴的房子不都是完全一样的，民居的每一栋房子也并非完全一样，但都属于同一"族系"，在设计过程中就允许作为同一单元的不同变形个体而被替代（图2.7）。

图2.7　中国传统建筑屋顶族系

2.6 常规秩序系统——分形系统的特例

2.6.1 常规性与特殊性

外部特性是显性的，容易被人观察到，但仅根据直观的观察可能会作出与隐性的内部生成机制相反的判断。因为相同的内部生成机制可能生成完全不同的外部特性，外部特性并不能揭示其内部生成机制。如需对客观事物作出准确评判，需要从更广义的角度判断其内、外部属性。

如上文所述，在拓扑学上直线和曲线是完全一样的概念。直线其实是一种特殊的曲线：如果曲线控制点是线性排列的，那么在外观上就表现为一条直线；如果直线上的控制点随着某种规则进行改变，则形成曲线。因此，直线是曲线的特例。

同理，任何空间曲线都可以由空间中的直线和弧线通过一定的方式进行近似的拟合。折线是两条曲线之间倒角半径为零的特例，当我们逐步增大倒角半径值，折线就越来越趋近于曲线。在拓扑学上，平面同样是全部控制点处于同一个平面的曲面的特例。

如图2.8所示，在软件中，当把树形结构的所有控制参数归零，三次迭代后生成的最终形体是规整的三维空间点阵。而在完全同构的同一模型中，每个层级用正弦曲线控制单元体的旋转角度后，则呈现出完全不同的最终形态。外观形态如此不同的两个模型，它们的差异仅仅是旋转角度的不同，说明了正交三维空间点阵是空间曲面的特例。

静止是相对的，运动是绝对的，静止是运动速度为零的一种特例。运动速度基于规则控制，受时间和力场的影响；运动方向也是由规则控制的，所有规则的集合就是"吸引子"。

我们把兵营式布局的建筑称为"静止"的建筑形态，单体沿直线分布，建筑间距是一个常量，是一种典型的静态线性布局。兵营的场地通常

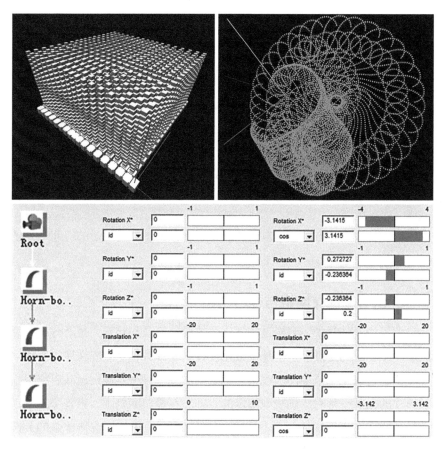

图2.8 Xfrog中不同参数对同一系统的影响

是平整平面，民居则往往处于高差变化丰富的山形地势之中。在兵营中，营房的间距是一个常数；而在民居中，建筑间距是根据环境条件而发生变化的，是受各种因素影响而具有随机性的数列变化。兵营整齐划一，规则明确，但缺乏灵活性；而民居因其顺应地形变化的灵活布局，往往形成丰富的建筑空间，因此广受建筑师的青睐。但实际上兵营和民居只是各自的设计参数不同而已。如果我们把建筑视为可运动的物体，改变兵营中建筑

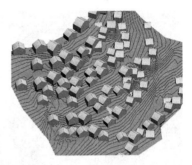

图2.9　兵营与民居的布局形态对比

单体运动的速度和方向，建筑的形态布局就不再是原先匀质的空间阵列了（图2.9）。

2.6.2　正交网格与分形网格

在经典建筑学中，网格是非常重要的设计工具和元素，是所有经典建筑学现象形成的基础。网格是模数化设计的基础，也是形成秩序的基础。

网格是双向（或多向）线条（直线或曲线）按一定规则运动后交织叠加形成的，是一种有明确规则限定的点阵。在经典网格中，点阵是基于正交轴线交点的。经典网格的分布是一种典型的90°正交（或特定角度）运动。无论是西方传统建筑，还是中国传统建筑，由于建筑技术的限制，在操作过程中很少运用自由旋转操作。正方形空间作为人类历史长期形成的集体记忆而存在，正交轴网和正方形空间是人们心理上的一种基本需求，是约定俗成的，和文化有着不可分割的关系。

19世纪50年代，弗兰克·劳埃德·赖特已经开始使用非正交网格作为设计的基础。例如，约翰和西德·多布金斯之家（John & Syd Dobkins House）就是使用了最常规的设计工具（三角板中的30°和60°角）作为平行移动的基础，设计出来的（图2.10）。

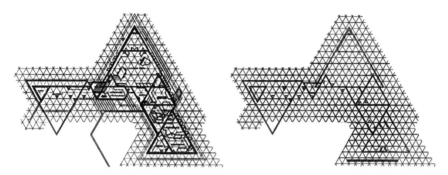

图2.10 赖特的三角形网格及其分形特征

由于常规三角板的角度只有30°、45°、60°、90°，受工具所限，固定角度也成为这种非正交网格的一个非常重要的限定因素。伍重设计的悉尼歌剧院，其室内吊顶使用互相重叠的圆作为一种基本的元素，来模拟海浪的运动。这些圆心和半径不断变化的圆的集群实际上也是一种非典型的网格（图2.11）。

图2.11 伍重利用重叠的圆形模拟的抽象波浪形态设计的悉尼歌剧院室内吊顶

　　网格在设计中无所不在，只不过不是显性的，而是作为一种隐性的控制因素发挥着巨大的作用。柏林海因茨·加林斯基学校（Heinz-Galinski School）中常规设计网格与向心旋转的曲线相结合，创造了兼顾秩序与动感的建筑空间（图2.12）。埃舍尔将黎曼几何原理作为网格，运用于其作品《画廊》中，利用空间的扭曲，打破了常规透视与网格的限制（图2.13）。

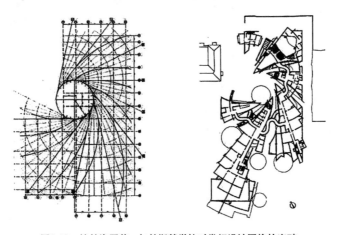

图2.12　柏林海因茨·加林斯基学校对常规设计网格的突破

图2.13　埃舍尔画作中运用的黎曼几何网格

人工形态的正交运动只是自然形态运动的特例。分形运动（如布朗运动）的分布往往并不局限于90°正交运动；因此，用"游牧"和运动的观点重新理解网格，则正交点阵（运动速度恒定，运动方向限定于正交轴线）是"运动空间点阵"的一种特例。

在数字时代，基于三角板的角度限制已经不复存在，计算机的强大功能使任意角度的非正交旋转和任意间距的空间点阵设计成为可能。如图2.14，为空间正交点阵设置不同的吸引方式，可以改变网格点阵的间距和空间关系；再以变更后的空间点阵作为基础，嵌入不同类型的镶嵌单元体，就可以产生与常规网格不同的镶嵌系统。如果对这种概念作进一步拓展，就可以利用任何粒子系统的点作为网格的一种形式，空间点阵受各种可见或不可见的力场影响，以一种受控于吸引子的状态进行分布（参见7.1节）。在分形规则控制下的分形网格将具有比经典网格更大的设计潜力。

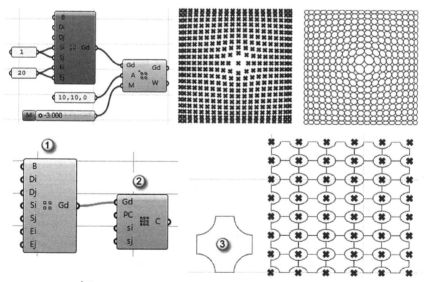

①平面网格生成组件；②二维拟合变形组件；③二维模块

图2.14 Paneling Tools中吸引参数对点阵网格的影响

2.7 ｜ 分形与相关的哲学观点

2.7.1 分形与褶子

德勒兹在《福柯·褶子》（*Foucault/Le Pli*）中阐述了关于莱布尼茨和褶子的几个重要概念——折叠（fold）、展开（unfold）、包裹（envelop）等，为非线性设计思想和游牧空间等建筑概念奠定了哲学基础。

德勒兹认为，褶子不仅仅是尺度的变化。莱布尼茨所认为的无尺度的褶子，其外延应该得以扩展。无论是有机体还是无机体，在不断生长和细分（展开和折叠）的过程中，单体的性质发生了改变，而不再仅仅是尺度的变化。例如建筑单体和城市，虽然在生成原理上，都可以被抽象为褶子，但城市并不完全等同于建筑，它们是在不同阶段中性质异化了的褶子。在每个不同阶段的迭代中，单元体的性质都发生了改变，如同蝴蝶和茧。

褶子具有两个不同的向量，一个向量指向无穷生长，另一个向量指向无穷细分。在德勒兹的定义中，有机体的DNA限定了各自种类的属性边界和向量，不同种类的生命体不可能超出自身的生长规律，这是有机体和无机体的区别。如果把建筑当作特殊类型的有机体，那么建筑的向量往两个方向的延伸是具有限制的。往细分方向，建筑的最小尺度不可能小于人体尺度，小于人体尺度的物体已经不属于建筑范畴。往生长方向，建筑的尺度则具有相对模糊的界限，城市尺度和建筑群尺度仍然可以纳入建筑范畴；但超出一定城市规模的尺度则不在本书讨论范围内。因此，在分形规则系统中，建筑的褶子也具有两个不同限制边界的向量。

褶子所阐述的现象，和数学上的分形具有非常近似的对应关系。如果更为直接地将德勒兹的褶子与分形机制的重要概念进行对应，则折叠对应于尺度缩小的迭代（细分），展开对应于尺度不断生长的迭代（生长，集聚），褶子的灵魂（soul）对应于分形的吸引子，团块（mass）对应于纯粹的机械操作，包裹对应于各代系之间包容一切的虚拟框架。

德勒兹的褶子和分形具有如下几个关键联系点：

（1）褶子在哲学意义上具有两个向度，无穷展开以及无穷折叠，与数学上的分形可以从一个中间尺度向两端无穷扩展相对应。数学统计意义上的分形不具有数量级的限制，可以无穷地伸展和收缩。在迭代生成中，由于单体的集聚作用，形态的尺度不断扩大生长，等同于展开；在迭代细分中，单体尺度不断缩小，以至无穷，对应于折叠。

（2）褶子和分形中无穷嵌套的概念接近。德勒兹认为，任何一个有机体或机制中都含有下一层的机制，无穷嵌套。如同一个池塘中具有多样性的鱼，池塘中又不断有下一层次的池塘。这和数学中无穷次迭代的概念基本一致。在IFS分形中，分形的嵌套同样是无穷的，可以无限地向折叠和展开两个方向发展。褶子中描绘的关于巴洛克艺术中不同的涡卷无穷反复，新的细节不断涌现，如同水流中的泡沫不断产生新的泡沫的现象，和计算机图形学中不断涌现分形特征的现象一致。因此抽象的哲学概念已经可以和具象的计算机视觉形态与算法相关联，可以用计算机中的分形更为形象化地表达褶子的概念。

（3）褶子中的变化已经超越了纯粹尺度的概念。同样，在分形中各个层级之间的迭代不仅仅是数量和尺度上的变化，有可能从量变引发质变。例如，从小的建筑单体空间堆叠成建筑群体空间，建筑群体空间进一步演变成城市空间。在这个过程中，不仅发生了建筑构件和空间类型的变化，而且发生了广义社会学和建筑学层面的变化。

（4）德勒兹认为，单子并不是空间中零散的、个体的点，各个点之间具有平滑的过渡。空间中的折叠是连续的，有着密不可分的联系。因此，褶子与沙粒集聚成团块的机制不同，而与折纸中纸面不断折叠的机制类似。因此，褶子的概念在计算机图形学中可以找到相对应的图形工具。

在分形粒子中，单体也不仅仅是空间中离散的点，各个单体之间通过一种无形的联系紧密地结合在一起，类似于折纸的褶皱中波峰、波谷之间的联系（参见7.1.4节关于粒子系统单元体之间关系的讨论）。在分形中，各个层次的细节之间具有一种连续的机制，也就是德勒兹所认为的机制（mechanism）和机器（machine）之间的关系。

（5）在褶子中，机器是一种具有独立的自身完整机制的概念，机制是形成机器的必要规则。具有机制，不一定能形成机器，但是机器必然具有自身的控制机制。因此，机器是比机制更高层次的定义。在分形规则系统中，系统就是具有某种自身生成机制的抽象的机器。在分形系统中，必须具有某种控制机制，或某种规则的集合，也就是所谓的吸引子。单体的变化并不重要，其背后的规则系统——吸引子才是最重要的（参见4.2.2节对吸引子的讨论）。

（6）褶子还涉及包裹这一重要的概念。在每一个层次的褶子之中，都具有这个层次的包裹。包裹包含了所有的机器及其机制中一切的规则。在折叠与展开的过程中，包裹的概念始终存在，并且随着折叠与展开的机制不断变化。这与本书中的空间容器概念（参见4.2.1节）相对应，是一种用于限定单元体的抽象且隐形的外部边界。外部边界在哲学中的概念更为抽象，但在分形规则系统中，为了便于操作，必须使其固化。我们暂时将其认定为计算机软件中的边界框架（bounding box），或称之为晶体学中抽象的晶格。抽象的晶格涵盖了下一层次折叠、展开的所有规则。

2.7.2　分形与子整体

分形的基本原则，在于总体与局部的自我相似和迭代。由英籍匈牙利作家阿瑟·库斯勒（Arthur Koestler）提出的子整体（holon）概念，从哲学的角度阐述了具有自我相似性质的单元体构成分形形态的基本特征。

子整体是指一个系统或者个体，它本身既是整体又是局部。也就是说，在抽象的分形系统中，没有总体和局部的区别，因为总体和局部的形成都遵循同一种原则。因此，从某种意义上说，在纯粹的分形系统里，具有"层级"的尺度概念也是不存在的，因为局部就是整体，整体就是局部。如同包含了全息信息的数据局部一样，只要掌握了全息信息的复制原则，从任何尺度的一个信息碎片都能完整复制出整体。

设计领域的分形原则并不是严格的数学定律和哲学定义，着重探讨的是从设计学和心理学的角度去抽象化设计元素并理解设计对象的方法。因此，这里借用的子整体概念并不完全等同于严格的数学证明或哲学定义。如果以子整体的方式来认识城市、建筑和景观之间的区别，那么城市、建筑和景观就是一个子整体系统：城市就是一个巨大化了的建筑，建筑就是一个微缩了的城市；城市也是微缩了的人工化的自然，是自然现象的一个变量为常数的特例。房间是建筑的单元体；而在更大尺度范围的城市肌理中，建筑物作为另一个尺度的起点，成为城市的单元体。从自然到城市，再到建筑与雕塑，这个子整体系统遵循着相同的简单原则——自我相似，却构成了千变万化的复杂现象。分形建筑的特性就在于，无论在何种尺度下，都具有相似的细节等级，如同巴洛克艺术中因观察距离的不同而不断涌现的细节一样（参见3.2.2节）。

子整体的概念和单纯的自我迭代有很大的区别。在子整体中，各个子体之间的关系是互为关联的，任何一个的改变都会影响其他的所有子体。因此，在这种关系中没有上下层的明确关系，没有母体和子体，没有主要和次要，正所谓牵一发而动全身。和混沌理论中著名的"蝴蝶效应"一样，南美洲的一只蝴蝶扇动翅膀，有可能引起北太平洋的飓风。在子整体里，任何一个微小单体的改变都会影响整体效果，这种影响只与各个子体之间的关系有关，而与子体之间形成的先后顺序无关。

我们平常所理解的层次关系认为，先形成的代系会影响后形成的代系。在常规的秩序系统中，下一层级的秩序不可能影响上一层次的秩序。

也就是说，父辈的改变会影响子孙辈，但是子孙辈的改变不会影响父辈。一个社会的整体变动会影响个人，但个人的变化却不会影响社会。个人的生活方式并不能影响人们所生活的空间。单个空间无法影响建筑物的整体结构；建筑物的结构，也并不能影响整个城市的组织架构。但是如果从更抽象的层面或更长的历史阶段来看，这种变化和影响能力其实是双向，而且是可逆的。现代人的生活方式影响了人们对生活空间的需求，人们所需求的单个生活空间，又影响了现代建筑的整体空间架构，而且单体建筑之间的组合方式以及人们对交通和城市组织的需求，又最终影响了现代都市的整体布局。因此，当这种不同层级之间的相互影响成为可能的时候，子整体的概念已经在现实生活中真实存在了。只不过这种存在性不像holon在软件（例如XenoDream）中对建筑形态的影响那么敏感和显著，因此容易被人们忽视（参见4.1.2节）。

3

分形规则系统
与建筑学

本章作为将分形现象引入建筑学领域的章节，提出分形作为一种跨越尺度的特性，在自然现象以及各种人文、社会现象中普遍存在。从与人体尺度相关联的建筑空间，到更为宏观的城市空间，都具有普遍存在的分形特性，进一步阐述了分形和建筑学的相互关联。

　　在建筑学不断发展的过程中，唯一亘古不变的是人类的生理尺度。无论建筑尺度如何变化，其与人体尺度的关联是建筑学需要解决的基本问题。分形现象及其规则在从家具到城市的不同尺度上都得到了广泛的运用，分形规则系统从形态学的角度模糊了各个尺度的差异，并为建筑设计、城市设计等跨尺度设计领域提供了一种互为关联的方法。

　　本章讨论了建筑形态的动态感与地心引力的辩证关系，阐述了物理力和心理力的关联，以及分形在建筑结构优化中的作用。静态形体的重叠与并置能体现强烈的"静止动态"感。虽然一个静止的物体无法体现出连续的动态感，但可以把运动物体的各个运动形态叠加在一起，以此呈现连续的动态性。

3.1 | 分形无所不在
——自然和人工环境中的分形现象

大自然在创造万物的时候，巧妙地运用自我相似的原则，创造出了无奇不有、千奇百怪的大千世界。从宏观到微观，分形无处不在，人的血管系统、自然界中的树木以及河流三角洲呈现出来的树枝状结构在形式上如出一辙（见图5.1）。

纪录片《十的次方》（*Power of Ten*）向我们展现了一幅如同计算机分形图样不断放大、缩小却有无数细节涌现的场景。短片以加州海岸一对情侣在草坪上野餐的场景开始，以每10秒将距离增加10的次方米的方式连续缩小，模拟了摄像机距两个主人公10m、10^2m、10^3m、10^4m……的连续变化场景。从可以看清人的动作，到遍览整个广场、整座城市、美国西海岸、太平洋、地球，乃至太阳系、银河系、外太空的景象，以自我相似的光斑集群方式不断进入摄像机的画面中。到达10^8m距离后，镜头开始往回放大，直至回到片头两个人在草地上野餐的场景。随即，镜头以10^{-1}m、10^{-2}m、10^{-3}m、10^{-4}m……的定格距离向微观世界推进，放大到主人公的手、皮肤、毛孔、细胞，乃至分子、原子……夸克，再一次历经了和分形图一样不断放大，下一层次的细节不断涌现的场景。

如果说计算机分形图形仅仅表明了计算机向无穷大和无穷小迭代的能力及其所能表达出来的视觉特征的话，《十的次方》则在计算机技术不发达的20世纪70年代，用一种令人惊叹的视觉特效，向我们展示了现实世界里同样存在的分形尺度现象。直至21世纪初谷歌地球（Google Earth）的出现，让普通互联网用户再次领略了如超人般从俯瞰地球到某个地区具体街景的连续视觉变化。视觉影像技术在几十年间有了长足进步，但《十的次方》所展现出来的从宏观到微观连续变化的哲学意义却是深远的。从银河分形直至夸克粒子的分形，对自然界分形现象的探讨，以及建筑师对

图3.1　自然界中花菜和铝晶体的微观分形结构

这种普遍现象的理解所具有的认识论意义，不会随着软件的更新换代而消逝。

宏观世界和微观世界从哲学本源上来说，并没有本质的不同。大自然是一个"偷懒"的设计师，利用深奥却简洁的原理创造统一且无限丰富的世界（图3.1）。大自然作为最丰富的外界信息输入源，影响着人类想象力的所有方面。自然界可以如此"偷懒"，人类的设计师就更应该从简单的规则中，寻求"师法自然"的最高境界。

3.2 ｜ 分形与
建筑尺度

3.2.1　亘古不变的人体尺度

自从有人类文明以来，人类对更大、更高的建筑空间尺度的追求从未停止过。无论是中国古建筑，还是西方古建筑，其设计建造者都不断追求更大的空间跨度，更高的建筑高度，更巨大的单体建筑体量和更大规模的城市集群。技术的进步不但推动了建筑尺度的不断发展，也让人类的心理尺度不断膨胀。对"非壮丽无以重威"之"壮丽"的衡量，在古代和现代已经有了完全不同的评价标准。中国传统木构建筑体系主要有穿斗式和抬梁式两种，但由于受建筑材料和建造技术的限制，其单体建造高度和体量均较小。中国最高古塔——修建于北魏末年的洛阳永宁寺塔，也不过130多米高。而现代摩天大楼技术的突破，使800多米的建筑高度成为可能，6倍于数千年技术积累所创造的成就。作为古代国家建筑最高等级象征的故宫三大殿，其中体量最大的太和殿面积仅为2377m²，而国家大剧院东西轴跨度212m、南北轴跨度144m，其超大跨度桁架结构体系让任何古代建筑文明都难以望其项背。纳米材料技术的发展甚至在未来会使登月电梯类型的人类构筑物的建造成为可能。

技术的突破必然会不断创造新的建筑世界纪录。然而，自从远古人类诞生以来，人类的生理结构和人体尺度，相比于建筑尺度而言，几乎没有发生过任何变化。不同人种的平均身高经过数万年的演变，差异不过十几厘米。这种不变性还将随着人类的繁衍生息继续存在下去。时代在变，世界在变，科技在变，甚至人的视野也在变，但是只要人类的生理结构不变，我们就几乎可以断言人体尺度永远不会发生巨大变化，不借助外在工具自然形成的人体正常视角宽度和可视距离也不会发生变化。

无论是什么时代的建筑，人类永远都是建筑活动的主体。从达·芬奇的画作《维特鲁威人》（*Homo Vitruvianus*），到勒·柯布西耶的人体模度理论，人类都以自己的生理尺度作为基准，来衡量建筑与人类的关系（图3.2）。如果将建筑尺度作为一个变量，将人的生理尺度作为一个常数的话，人体尺度与建筑尺度之间的公式又该如何表达呢？

在工业化革命之前的数千年，由于建造技术的限制，传统建筑中几乎所有的构件都是采用手工工艺来制作的。这些建筑构件的尺度是在人的身体力所能及的范围内，借助于当时简陋的生产工具来实现的；而建筑的空

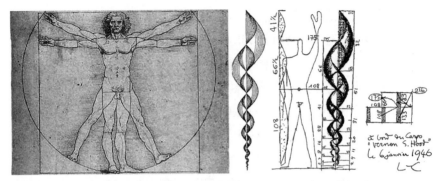

图3.2　达·芬奇（左图）和勒·柯布西耶（右图）关于人体尺度的图解

间尺度则是由这些单个的近人尺度构件以几何叠加方式形成的。无论建筑构件与人之间的观赏距离有多远，其尺度的差异性并不大。因此，传统建筑具有与人体尺度相近的可比性。

　　人们经常评价传统建筑"耐看"，这往往应归功于传统建筑富于细节和装饰性；现代建筑的冷漠感则被归咎于其视装饰为罪恶的审美观和全面简化的设计指导原则。从纯视觉的角度讲，"耐看"的根本原因在于建筑细节尺度的多样性，或者说建筑构件密集形成的视觉密度。现代建筑借助于技术上的便利，令单个构件的尺度远远大于传统建筑；并且由于现代建筑审美观的影响，更强调整体的体量感，而忽略单个建筑构件所起的作用，从而导致单个构件在视觉上的独立性被削弱了。以一栋多层单体建筑为例：现代主义建筑从几十米的建筑空间尺度，到1.7m的人体尺度之间，缺少中间尺度的过渡，形成了一个尺度过渡的"真空区"。中国传统建筑则不然，从屋顶整体，细分到立柱、横梁、斗栱（大木作），再到门窗、槅扇、栏杆（小木作），以及油漆彩画；其中，所有小木作的构件尺度都在2m的人体尺度以内。从人的站立视点来看，这种小尺度构件密集分布且远离人视点的方式，自然形成了建筑构件的视觉密度。这种相同尺度的建筑构件即使不施以繁复的装饰，在一定视觉距离之外也能自然地呈现精细的效果。这种相同尺度构件以自我相似的方式相互叠加的原理，与许多自然现象的分形原理是一致的。

格式塔心理学认为，人的视觉具有自适应性。在人的视觉范围之外，大脑会自动用以前曾经见过的视觉细节填补实际物体在视觉上的缺陷。在早期的计算机游戏中，树的数字模型往往用简单的多边形面代替实际树叶的复杂形状。在一定距离之外，当人们识别出一棵树的大体形象后，人的心理就不会再深究树叶的形状是否已经被简化甚至被代替了。"树"的完形形象被人的心理自动进行了细节补全。随着游戏视点距离的推进，软件自动以具有更多模型细节的树替代了"远景"中简化的树，帮助人的心理继续保持已经形成的"细节"形象，以维持场景逼真度。在电影《盗梦空间》（Inception）中，女建筑师被要求"建造"梦中的场景。她很疑惑作为一个能力有限的设计师，怎么可能创造出从城市到家具等所有细节，达到"以假乱真"的效果。男主角告诉她，随着人体进入一个空间并在其中活动，即使在实际场景中某些细节是缺失的，人的心理也会自动发现并补充足够的细节。这个过程与建筑细节的视觉呈现原理是一致的。从远处人仅能识别出建筑的大体形态；随着距离的推进，人们看到了屋顶、门窗、檐口的大致布局；再继续推进，建筑的材料和细部逐渐进入视野。在这个视觉距离上，许多现代建筑在下一个层次的尺度替换过程中，细部呈现戛然而止。人的完形心理经历了细节的真空地带后，无法在视觉上延续下一尺度层次的推进。失望之余，自然将其归为"乏味无趣的建筑"之列。精美的传统建筑则不然，靠近建筑物之后近距离观察，精雕细刻的槅扇和精美绝伦的彩画便进入视野；触手可及之处，材料纹理了然在目。建筑是可观赏、可触摸、可感知的。

随着距离的推进，帮助人的心理完成细节"完形"的动作并不是一个不可能完成的任务。从设计方法论的角度，设计师不可能也不必要为每个尺度的细节构思完全不同的细部特征。这样的做法不仅是徒劳的，而且在美学完整性的把握上具有极大的难度。郑板桥画中的竹林，没有一片叶子是完全一样的，但所有竹叶的画法完全一致。"个"字形的笔画顺序构成了千姿百态的郑氏竹林。当然，只知道重复画"个"，是画不出郑板桥画作的意韵的；其中所涉及的美学问题不在本书的讨论范畴之内。"建筑是缩小的城市，城市是扩大的建筑"一语道破了建筑尺度自我相似的层级递推关系。

自我相似法则为设计师提供了一个"偷懒"的绝好工具。大自然就是用这种方式创造出了世间万物。哥特式教堂用三百多年的时间来设计和建造的历史已经一去不复返了。人类社会的发展需要建筑师用全新的认知方式来指导设计过程。用分形和自我相似的设计思维去认识建筑和城市、整体和局部的辩证关系，将是一种符合自然造物哲学观的解决方式。

3.2.2　跨越尺度范畴的建筑分形现象

人类建造各种构筑物，形成赖以生存和活动的空间，这些空间具有不同的尺度层级。从近人尺度的家具、雕塑，到房间、楼层、摩天大楼、街区，乃至整座城市。我们生存和活动的环境就是由无数尺度不断嵌套的人工构筑物组成。不同尺度层级的空间组织形式呈现出自我相似的复杂现象。

黑川纪章在《黑川纪章城市设计的思想与手法》一书中，将子整体的哲学概念引入城市设计之中，认为子整体结构是部分和整体的共生，"任何城市都是由多个城市组成的集合体，东京是300个城市的集合体"。城市、建筑和景观都是一个子整体系统。无论是城市网格，还是生成性的肌理，都可以归结为以单元体为基本元素的自我相似叠加。

最简单的单元体形态是长方体。长方体是现有建筑技术下最经济且空间利用率最高的形态。以大量性制造和生产为前提的现代建造技术，必然产生以长方体为基本单元的城市和建筑。如果将一个建筑单体抽象为一个没有尺度的长方体，并且运用拓扑学中同胚的概念，将任何长宽比例、任何大小的类似长方体都认为是同胚的单元，我们就可以将城市理解为以长方体作为基本要素的单元体（子整体）按照一定规则进行叠加的产物。这里的规则涉及所有影响城市形成的因素。然而，无论这些因素如何作用于子整体的形成过程，从形态上都可以将城市抽象为同胚的长方体集聚的结果。

在尺度上将子整体抽象为长方体后，类似的分形原则可以运用在从小尺度的家具到超大尺度的城市的不同设计领域。一个长方体建筑物就是一个抽象的子整体，因为建筑物可以由更小尺度的长方体房间或者楼层的叠加和堆积来构成。同时，建筑物的叠加和堆积又构成了更大尺度的子整体系统——城市。长方体作为抽象的子整体，可以是一个建筑构件、一个房间、一栋摩天大楼，甚至是一个超级街区。长方体遵循人为或者非人为的控制规则，以自我相似的原则进行迭代，最终呈现了分形的总体特征。

长方体和盒状构筑物以自我相似的方式迭代堆积的设计方法已经广泛运用于小尺度的装置设计、室内设计和家具设计之中。如图3.3的装置就是以小尺度的长方体（回收的啤酒箱）作为单元体进行堆叠形成的。

图3.3 以回收的啤酒箱为基本单元的雕塑

丹麦的BIG（Bjarke Ingels Group）事务所将相同的手法戏剧性地运用于两个不同尺度的项目中——家具尺度的京畿道现代艺术博物馆（GMoMA）的书架设计和社区建筑群尺度的"城市孔隙"（Urban Porosity）概念设计（图3.4、图3.5），以探讨这种做法的可能性。

图3.4　BIG事务所设计的京畿道现代艺术
博物馆书架

图3.5　BIG事务所的"城市孔隙"概念设计

由加拿大籍建筑师摩西·萨夫迪（Moshe Safdie）设计的加拿大蒙特利尔市集合住宅67（Habitat 67）项目在建筑的尺度上呈现了类似的构成方式和肌理特点。此项目以可供人居住的"房间"为尺度基准，采用看似无序的堆叠方式构成长方体的集合。Habitat 67每户都拥有屋顶花园和阳台，兼顾私密性、公共性以及采光、交通等现代生活的复杂要求。Habitat 67的设计需要建筑师对交通流线、室内外空间关系和建造方式进行精细把握，才能使之具有一种貌似无序、实则严格受控的效果（图3.6）。

在BIG事务所的山地住宅（Mountain Dwelling）项目中（图3.7），同样以公寓尺度的长方体作为基本单元进行形态生成。类似的建筑形态和空间形态在奥雷·舍人事务所（Büro Ole Scheeren）的曼谷大京都大厦（MahaNakhon）项目（图3.8）、MVRDV+ADEPT 的天空村（Sky Village）（图3.9）等项目中反复出现。从小型的室外空间装置，到大京都大厦77层的超高层建筑，相似的不仅仅是长方体的像素化堆叠，更是建筑师对方正形体的规则与非规则布局的热衷。这些项目都体现了长方体作为抽象的子整体在分形尺度空间构成上的潜力。

图3.6　以公寓为单元体堆叠的Habitat 67

图3.7　BIG事务所的山地住宅项目

图3.8　奥雷·舍人事务所的曼谷
　　　　大京都大厦项目

图3.9　MVRDV+ADEPT的天空村项目

尺度从建筑扩大到街区和城市范畴。委内瑞拉首都加拉加斯
（Caracas）的城市形态作为城市子整体系统一个对比鲜明的案例，体现了
在复杂的社会、地理作用力影响下形成的两种相互对立的城市形态的共
存。加拉加斯郊区以公路为分界，融合了自上而下的人工规划形成的常规
城市网格，以及自下而上的贫民区根据地形走势自发形成的自然城市肌
理。加拉加斯的城市形态既有传统村落的构成特点，也有现代城市的构成
因素（图3.10）。

图3.10　加拉加斯贫民区和常规城市网格的并存

在加拉加斯这个特殊的城市形态中，公路的一边是典型的遵循政府自
上而下的总体城市规划设计原则形成的网格状城市肌理，与其他现代城市
并没有太大的不同。以正交方格网为基础的道路系统将6面体限定为一个
一个的街区（block）。在不同的街区范围内，长方体呈现为某种随机的形
态分布，但这种随机性被约束于正交网格中，表现出强烈的秩序性（图
3.11）。而在公路的另外一边，缺乏政府管控自发形成的贫民区则呈现出
非常类似于自然形态的地形布局，是一种典型的"没有设计师"的自下而
上的建筑现象（图3.12）。

图3.11　加拉加斯贫民区和常规城市网格并存的城市肌理

图3.12　以公路为分界的加拉加斯贫民区和城市区肌理对比

　　从建造的经济性分析，长方体的建筑单元无疑是在城市环境中建造成本最低，空间利用率最高的建造形式。在贫民区的形成过程中，长方体的建筑单元作为一种社会成本最低的形态被选用。由于缺少了政府对总体规划布局的控制，每个建筑单元依山就势，相互堆叠，与地形和相邻建筑单

61

图3.13 加拉加斯贫民区的建筑细节

元相互作用。建筑单元间的大小变化和位置错动完全是随机形成的，但不会脱离山地等高线这个大的控制原则（图3.13）。

加拉加斯贫民区的形态与自然的结合更为紧密，和以方格网为基准的城市形态相比，具有更强的生长性和适应性。与"生命游戏"和元胞自动机的原理类似（参见8.2节），当单元体密度过大时，居民就不会在这个区域继续加盖房子，使街区具有一定的密度上限；当密度太小时，居民就会见缝插针地在每个可能的空地内用和周围已经形成的建筑类似的方式建造属于他们自己的单元。每个单元体的建造是随机的，但却受地形因素和周边建筑的共同制约，呈现了一种自发的有序性。由于缺乏政府的统一管控，加拉加斯的贫民区缺乏常规城市赖以生存的总体交通系统和供给系统，生活准则和生活要素都发生了改变。这里没有车行道，没有现代城市生活所必需的基本设施，属于一种非正常的城市形态。

正交网格城市形态的有序，是基于规划控制下的城市网格的有序；贫民区的有序，则是基于生成原则的有序。从形态学的角度，它们都是具有自我相似特征的分形子整体系统。

　　自我相似的迭代堆积并不完全等同于乐高积木对具象形体的"像素化"处理。像素化仅仅是将复杂的任意三维形体以三维正交网格的方式进行细分，并且用相同大小的"颗粒单元"进行填充，其最小精度单元的尺寸就是乐高颗粒的尺寸。分形迭代虽然形态上类似乐高颗粒的堆叠，但其根本生成原理是不同的，更接近元胞自动机（Cellular Automata，CA）的生长原理（图3.14、图3.15）。

　　当建筑材料与建造技术产生了新的突破以后，类似的城市形态就可能在更大的尺度范围内进行生长和演变。在科幻电影《全面回忆》（Total Recall）中，主角们追逐与战斗的场景是未来的集中生活区，生活区的外部空间形象与Habitat 67非常接近，只不过尺度更为巨大，更具有分形的

图3.14　三维形体的像素化

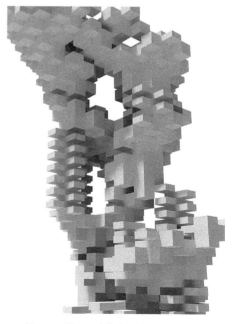

图3.15　基于元胞自动机的建筑分形形态

图3.16 电影《全面回忆》中的建筑场景

特征。所有的建筑单元体都是由长方体堆叠构成的，各个单元体之间的空隙形成了不同的室外活动平台。整个建筑群以超乎想象的空间跨度在城市中蔓延（图3.16）。电影中的建筑具有超乎寻常的大悬挑阳台、上下错动的空间、纵横交错的电梯井。电影的主角们在这些空间中上下穿梭、战斗追逐，充分展示了人与未来空间的互动。

　　虽然形态本身不是规划师和建筑师追求的唯一目标，但任何城市和建筑都无法脱离"形态"而抽象地存在。除了社会因素，作为第一观感的视觉形态，仍然是人们体验建筑和城市的基础。真实的城市规划受制于种种社会因素，在软件的编程中却可以抽象为符合某种算法原则的随机值。许多软件（插件），诸如Ghost Town、City Generator、Greeble等，经过简单的参数调整，都能生成非常复杂的城市形态模型。作为一种计算机工具，这些软件生成的城市模型从形态上具有了真实城市形态的复杂性和随机性，从另一个侧面证明了用简单的设计原则完全可以生成复杂的空间形态（图3.17）。

　　以长方体或盒状物作为子整体仅仅是城市和建筑分形的一种较为普遍的现象。改变子整体的形态和构成方式，采用同样的分形原则，就可

图3.17　用Greeble生成的数字城市模型

以产生出与自然形态更为接近的建筑和城市。位于英国北爱尔兰大西洋海岸的巨人之路（Giant's Causeway）以纯自然的力量构筑了类似于人工系统的石柱群，近3.7万根六边形石柱组成了绵延数千米的海岸景观（图3.18）。

　　石柱是在6000万～5000万年前火山喷发后熔岩冷却结晶，自然形成的六边形结晶体。具有强烈规则性的巨人之路石柱如同一个变量为常数的参数方程，成为众多地理形态中的个例。这是自然的天成，却从形态上和前面所描述的以长方体为基本单元的分形城市和建筑如出一辙，其整体形态体现了与城市高楼密布极为类似的韵律感和几何特性。这并不是巧合，而是从一个侧面反映了分形形态的普遍性。几何化的城市是自然分形地貌的特例；同样的，高度几何化的巨人之路也是更为"有机"的自然形态的特例。无论是非线性有机的，还是线性几何的，都是子整体系统自我相似原则的外在表现；不同的仅仅是子整体的个体形态和子整体之间衍生关系的差异。

图3.18　英国巨人之路的自然景观

　　把分形和子整体的衍生作为一种形态学的抽象原则和设计方法，我们就可以跨学科、跨尺度地看待一个城市雕塑、一栋建筑、一片街区，乃至一座城市。分形建筑从形态学的角度模糊了各个尺度的差异，并为不同尺度的设计研究提供了一种互为关联的方法。

3.2.3　建筑形体的有限次分形迭代

　　计算机对一组指令进行操作，得出相应的输出结果，再将这种输出结果作为下一次相同操作的输入，周而复始。利用计算机运算速度快的特性，实现高效的重复性操作，就是所谓的迭代算法。在迭代中，前一个步骤的结果（输出）是后一个步骤的原因（输入），输入与输出因果循环。简而言之，相同的规则在不同层次上反复运用，就形成了迭代。分形算法的要点在于对生成元（generator）进行类似规则的多重操作，实现生成元基于一定规则的自我复制，并且通过迭代次数的增加实现分形增长。分形属性的形成，在很大程度上应归功于迭代形成的复杂性。迭代是分形的主要机制，是自我相似在不同层级上的成因。但是，并不是所有迭代结果都是分形。只有遵循了分形定义，形成具有自我相似性质和分维结果的迭代才是分形的迭代。

XenoDream等分形软件以点云实时计算显示的方式形成最终的分形结果，其迭代次数从理论上讲是没有限制的。然而，建筑学中需要对反馈次数加以限制，纯粹的"同规则无限缩放"对建筑设计的意义不大。建筑的尺度是有限的，不可能如同纯数学模型一样，进行无限次迭代。正如乐高积木的最小尺度就是一个乐高颗粒的尺度一样，在建筑范畴，迭代尺度不可能小于人体可感知的尺度。因为建筑是为人服务的，建筑需要被建造，需要容纳人类的生存活动，需要与人体尺度相适应。因此从建筑学的角度看，"无限"分形的结果已经超出了建筑学的需求范围。在建筑设计领域，不需要往宏观和微观两个向度同时无限扩展迭代，缩放超出一定比例（如小于10mm尺度）的细节就没有意义了。

因此，在本书中将建筑尺度宽泛地限定在分米到千米之间。小于分米尺度的建筑细节由于小于人体尺度，无法容纳人类的活动空间，只能划归装饰范畴。目前，世界最高建筑单体迪拜塔的高度为828m，常规的建筑群体尺度也大多在数百米之间，因此大于千米尺度的建筑群属于城市范畴。

在实际设计过程中，往往一到三次迭代就能满足大部分的建筑设计需求，在某些案例中甚至只需要一次迭代就能得到想要的结果。在逐级缩小的迭代中，超过三次迭代所形成的细节已经有可能小于人体尺度，在实际设计过程中价值不大。例如，在将3个形体经过平移和缩放形成建筑形体的过程中，经过一次迭代操作形成3个建筑主体，第二次迭代就形成3的平方，也就是9个建筑形体，如果进行第三次迭代，最终的建筑形体数目就是3的3次方（27）个。这样的数目对于总体建筑形态来说，已经太多了。当然，对于建筑细部而言（例如外墙面的墙板数目），这样的数量又远远不够。

建筑的细部和总体建筑形体之间往往没有严格的自我相似，只具有统计和抽象意义上的自相似。在不同层次的迭代中，使用近似或不完全相同的规则，也仍然能够形成具有很强统一性的结果。不能因为局部和整体没有严格自我相似，就认为其不具有分形的性质。例如，伦佐·皮亚诺（Renzo Piano）设计的让·马里·吉巴乌文化中心（Jean-Marie Tjibaou Cultural Center）（见图10.5），在整体的建筑布局中使用的是简单的平移，而在单体建筑的细部中则使用了向心的缩放和旋转。

用于生成植物模型的Xfrog软件，其英文全称是"X Window Finite Recursive Object Generator"，其定义的关键在于"有限"（finite）这个词。建筑的分形设计必须是有限的，一般经过4次迭代后，三维形体的数量就已经超出视觉所能分辨的范围，也超出当前个人计算机计算能力的限制了。从这个意义上讲，分形的建筑形态生成规则（Finite Recursive architectural Generator，FRAG），直译过来也就是"建筑分形形态的有限次迭代生成"。建筑分形不必要，也不可能涵盖所有数学模型。因此，建筑的迭代是分形规则方法的一个特定子集，它具有向更高层次、更高阶的复杂性递进的潜在能力。

3.2.4 分形与建造尺度

古典建筑之所以具有更高的精细度和耐看度，原因之一在于构件的最大可建造尺度相对较小，形成了更多视觉层次上和尺度上的变化。由于现代建造技术的发展，可建造单元的尺度越来越大。现代建筑可建造的单元构件尺寸已经不再局限于巴洛克时代的尺度，一体性建筑材料的运用更是使建筑的承重构件和装饰构件之间的区分越来越模糊，建筑越来越成为巨大的抽象人造物，极大地削弱了构件尺度给人的视觉心理带来的精细感。利用分形尺度对比分析的方法，可以从建筑艺术的角度为建筑尺度的回归提供一种可行的思路。

由于建造的复杂性，在不同的设计阶段（如概念设计阶段、深化设计阶段和施工阶段），往往需要采用不同的方法，对建筑构件的尺度进行设计优化。在概念设计阶段，超大尺度的单元体可以由单个构件构成；但从建造的角度来看，过大尺度的单元格在建造上是不可实现的。视觉上尺度巨大的单元体仍然需要进行可建造尺度的构件分割。

在长沙建发大厦的概念设计中（参见6.3.1节），从下往上相同类型的菱形格子发生了尺度上的变化，这种变化加强了尺度渐变在视觉上的对比和冲突感，符合在不同距离观察同一个建筑形态应该具有不同尺度细节特征的基本要求。设想一下，如果把这些菱形网格全部细分为最小尺度的菱形格子，外立面就恢复成了匀质的网格形表皮。

虽然外部形态强调的是单元体视觉尺度的完整性，但是由于受到建造技术的限制，这些巨大的单元体仍然需要由可以建造的小尺度单元体构成。在长沙建发大厦的设计案例中，三维菱形单元从大厦的顶部逐渐以分形细分的方式渐变到大厦的底部。在概念设计阶段，大厦顶部最大的菱形单元就是一个单独的构件，从而在整体形态上实现了从大单元体到小单元体尺度上的渐变。而在深化设计阶段和建造阶段，则需要将大型单元体分割为可建造的小尺度构件。利用相同的菱形细分原理，大尺度的单元被细分为可建造的墙体和玻璃幕墙分格。玻璃采用了隐框做法，和下部更小尺度的明框菱形网格进行了视觉上的区分，从而实现了分形网格的设计效果。在这个案例中，一个巨大的菱形就是一个空间容器。空间容器的边界体现了单元体的个体尺度，但是对这个大的空间容器仍然需要作进一步的细分，使之由更小的下一层次单元体组合而成（图3.19）。

图3.19　分形表皮中空间容器的进一步细分

3.3 | 建筑分形与力

3.3.1 建筑与地心引力

黑格尔认为，建筑是地球引力的艺术。作为人类活动空间包容物的建筑物，除了支承自身的重力荷载和外界环境荷载（风荷载、雪荷载以及地震作用等）外，还必须提供能够支承人类活动的水平表面（楼面或地面），以承担人类的活动荷载。人类活动范围内的楼板必须是接近于水平的，以对抗垂直方向的地心引力，保证人类活动的平稳与安全。无论建筑的外部造型如何扭曲或富于动感，在剖面上水平楼面的存在都无可避免。勒·柯布西耶的多米诺体系就是最为经典的现代建筑解决方案（图3.20）。

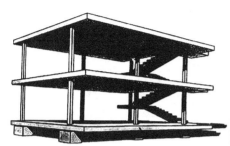

图3.20　多米诺住宅的典型水平楼层与朱西厄大学图书馆各楼层间的相互连接

　　在建筑的功能性空间区域内，水平（或接近水平）的楼层平面是稳定性与安全感的基本保障。但不同的空间区域允许具有层高上的变化，从而既创造了空间的丰富性，也为不同活动提供了具有差异性的空间领域。

　　从勒·柯布西耶在萨伏伊别墅中引入坡道开始，建筑师就试图打破水平楼层带来的建筑内部空间的割裂状况。建筑师们创造了坡道、楼梯等空间要素，为建筑空间变化和水平楼层找到了一个契合点。赖特的古根海姆美术馆是现代建筑中将倾斜的螺旋坡道与展示空间相互结合的早期成功案例。雷姆·库哈斯（Rem Koolhaas）将勒·柯布西耶的坡道从单纯的交通空间扩展为活动空间，令倾斜或阶梯状的活动空间成为联系建筑内部不同标高区域的连接体，是对多米诺体系的一种全新诠释。在库哈斯的许多建筑中，已经出现了不是完整水平地面（但仍然是细分的阶梯平面）的建筑空间，如朱西厄大学两所图书馆（Two Libraries at Jussieu University）竞赛方案（图3.20）、西雅图图书馆（Seattle Public Library）的环绕空间，以及荷兰驻德国大使馆（Embassy of the Netherlands in Berlin）的连续交通空间等。

　　极具启发性的是，由妹岛和世与西泽立卫设计的劳力士学习中心（Rolex Learning Center），无论是外部形体，还是内部空间，都超越了常规意义上的水平面。建筑师们巧妙地利用走道、多功能会议空间等标高不断变化的内部表面，将外部形体的动态和内部功能活动性的动态结合在一

图3.21　劳力士学习中心室内的非水平活动空间

起。在劳力士学习中心的室内，甚至座椅都以倾斜方式摆放，充分挑战了
人类活动的平衡感，也促使建筑师从空间的角度重新构思人类生活空间与
水平地面的关系（图3.21）。

　　如果把建筑学的外延进一步扩大，任何具有人体尺度的人造空间都可
以称为建筑。建筑并不只是处于地面上的建筑物或者构筑物，宇宙空间
站、太空飞船等都可以划归建筑的范畴。

　　让建筑与城市突破空间、高度与重力的约束，是无数建筑师的梦想。
前卫建筑师们采用不同的方式去构思类似的乌托邦空中城市，科幻电影中
的建筑场景也不断出现挑战地心引力的画面。在科幻电影《星球大战》的
空间构思原画"桥的世界"中（图3.22），所有的建筑都从一个巨型的大
跨度连续体中垂挂下来。电影《逆世界》（Upside Down）中，上下两个世
界有完全不同的重力方向，相对于"下世界"来说，整个"上世界"的建
筑都是从空中悬挂下来的（图3.23）。在科幻电影《全面回忆》中，建筑
群以超乎想象的空间跨度在城市空间中蔓延，仿佛脱离了重力的约束（见
图3.16）。这种类型的城市空间并不是完全不可能实现的，这一切取决于
未来建筑技术的突破，轻质高强建筑材料的开发与创新，以及个人空中交
通工具的实现。

图3.22 《星球大战》空间构思原画"桥的世界"

图3.23 电影《逆世界》中的场景

　　埃舍尔擅长于创造与现实空间体验相悖的空间。在他的视错觉艺术版画《相对性》中，巧妙地展现了三个不同引力方向的空间在同一画面中并存的奇特场景。电影《盗梦空间》从中汲取灵感，以一种让观众身临其境的方式呈现了这一在现实中不可能实现的空间（图3.24）。

图3.24 埃舍尔视错觉艺术版画《相对性》中展现的三个不同引力方向的空间

外太空中的建筑由于没有了重力的约束，不再需要水平的活动空间。在电影《地心引力》中，宇航员在宇宙空间站里自由地上下穿行。在失重的情况下，水平楼板已经没有意义，空间变成了一种上下、左右完全颠倒和融合的状态。在失重的状态下，空间才成为一种纯粹意义上的建筑空间。

3.3.2 物理力与心理力

毕竟，在地球环境中重力的存在是不可避免的，重力是经典建筑学需要面对的首要问题。建筑的物理性和结构性问题无法忽略，否则任何大胆的构思都只能止步于乌托邦式的幻想。在以物理力作为先决条件的情况下，建筑师让建筑"运动、轻巧、飞腾"的愿景又该如何实现呢？

在《建筑形式的视觉动力》里，阿恩海姆首次提到了两种类型的力：一种是物理学上确实存在的力，称为物理力；另一种是在心理层面才能够感觉得到的力，称为心理力。两种力的共同作用，形成了建筑的视觉动力。视觉动力实际上只是一种视觉的假象，因为除了特殊的建筑形式外，大部分建筑是静止的。静止的建筑之所以能够让人们产生飞腾或者运动的感觉，心理暗示在其中发挥了重要作用。

我们无法在一个静止的物体中体现出连续的动态感，但是可以把连续运动物体的各个运动形态放在一起，在"心理力"的作用下，体现出它们的连续动态性。现代摄影中的多重曝光，运用同一个运动物体在不同时间点形成的影像残留，体现了单一物体历时性和瞬时性的结合。在多重曝光的残留影像中，每一个影像就是一个分形子物体，它们的运动轨迹堆积并置，形成了整体的形态［图3.25（a）］。多人舞蹈《千手观音》运用了类似于多重曝光的艺术手法，利用多个物体在同一时间点动作的重叠，体现出强烈的动态感。舞者的肢体随着舞曲节奏进行变化，反映了形态与动态的对应关系，静态形体的重叠与并置体现了强烈的静止的动态感［图3.25（b）］。

（a） （b）

图3.25 多个运动物体的影像并置
（a）多重曝光摄影图；（b）舞蹈《千手观音》形成的渐变动态

3.3.3 分形与结构受力

自然界中的结构形式，如树木的分形分支结构、珊瑚礁的分形集聚结构、动物骨骼的微观细分结构等，利用最小化的材料承受最大限度的力，体现了分形逐级细化的方式所具有的结构受力优势。

利用分形和自我相似的原则，可以对常规的结构体系进行合理优化。例如，在数字系统中，利用三维泰森多边形与空间点阵的不同密度分布，可以形成类似微观骨骼的分形受力结构（图3.26）。

埃菲尔铁塔是分形方法在结构优化过程中的经典实例。铁塔中每一级钢结构桁架都由下一层次尺度更小的细化桁架构成，有效地分散了结构荷载，节省了钢结构用量。同时，强化了从总体到局部逐级细化的视觉形象，令埃菲尔铁塔从整体到细部都具有尺度递进的连续性和统一性（图3.27）。

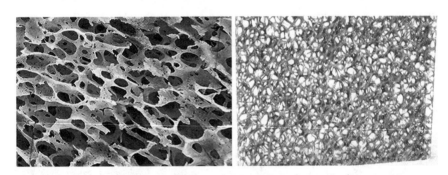

图3.26　骨骼的微观分形结构（左图）与利用泰森多边形算法产生的分形空间结构（右图）

图3.27　埃菲尔铁塔钢结构桁架的分形细分

　　类似的原则可运用于任意形体的结构优化过程。如图3.28所示，实心的受力杆件被逐级替换为相同原则构成的空心桁架，多次迭代后形成了由自我相似的细小尺度杆件组成的结构体（图3.28所示）。这种优化方式属于单元体的IFS迭代方法，即单元体有限次的逐级自我替换。

　　利用分支系统同样可以体现分形的结构优化。如图3.29所示，多次迭代后的分支成为优化的结构荷载传递路径。中国传统建筑的斗栱也体现了类似的结构优化方式。斗栱的水平和垂直结构之间互相支承，上一层结构的重力荷载由下一层结构支承，形成了竖直方向的荷载传递系统，使得更大的悬挑成为可能。这种荷载传递系统是分形的，它具有明确的层级，下一层与上一层之间是父代系和子代系的关系。

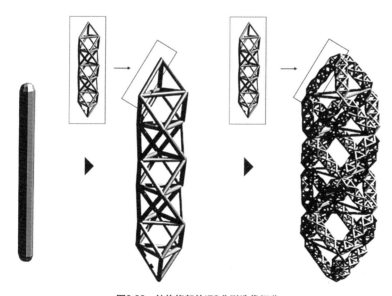

图3.28　结构桁架的IFS分形迭代细分

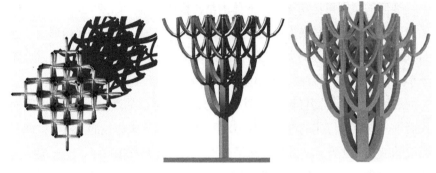

图3.29　结构的分支优化

4

迭代函数系统 IFS
与建筑设计

本章以迭代函数系统（Iterated Function System，IFS）和仿射变换的综合运用为基本方法，论述了IFS分形规则的设计要点；其中，涉及单元体、吸引子、仿射变换等重要概念，尝试提供一种不同于传统二维计盒维数法的设计、分析方法，为设计具有分形属性的建筑形态提供了直观且易于操作的软件算法和工具。本章还提出了作为抽象分形单元的空间容器概念，为下文关于其他系统单元体设计的讨论提供了概念上的依据。同时，通过曾山雷达站等多个原创案例，讨论了迭代函数系统在建筑实践中的运用。

4.1 │ IFS与仿射变换

　　迭代函数系统IFS是由自身的原始图形（生成元）经过特定函数的变换映射后形成的复制图形的集合。IFS算法的关键步骤是仿射变换，或称关联式变形（affine transformation）。仿射变换是指在几何坐标系中，一个向量空间进行线性变换后得到另一个向量空间的操作。IFS迭代方法的核心，在于其单元体在空间坐标系中的相对关系，也就是物体在空间坐标系中的相对位移、相对旋转量、相对比例尺及其拓扑变形的关系等（图4.1）。

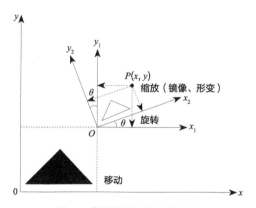

图4.1　仿射变换的空间对应关系

　　简而言之，IFS是初始单元体基于一定原则的移动、旋转、缩放以及空间拓扑变形等基本变形法则的集合，再通过迭代操作得到最终的复杂形态。IFS基本的设计思路，是将任意复杂分形形态的生成过程简化为仅仅包含移动、旋转、缩放以及空间拓扑变形的图形化操作。研究结果表明，仅以最简单的长方体（box）作为初始单元体，运用IFS仿射变换的4个基本变换法则，就可以产生无穷多种接近自然形态的分形。

IFS方法是分形迭代生成的"反问题"。在二维计算机图形学中，利用拼贴定理（Collage Theorem），对于一个任意给定的图形（比如一幅树叶的图片），通过IFS迭代的方式求得生成规则，能够较大幅度地压缩图像容量，也能快速重建被压缩的图像（见图4.17）。因此，利用IFS逆向工程（Reverse Engineering）的原理，以丰富的建筑或者自然现象为出发点，可以反求具有类似生成规则，却又与原始实例不完全相同的设计衍生体。如图4.29的多个实例，就是以印度教的顶塔式神庙（shikhara，sikhara，梵语意为"山峰"）为出发点，通过IFS方法反推生成法则形成的。

对建筑分形现象的研究通常采用二维计盒维数法，即用不断缩小尺寸的二维网格覆盖需要研究的分形形体，通过计算被建筑形体占据的网格数量，利用计盒维数公式$\log(N)/\log(s)$，得到研究对象的分形维度。如图4.2所示，被研究的顶塔式神庙建筑立面，以计盒维数法计算得出的分形维度为1.83。

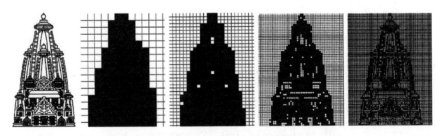

图4.2 采用计盒维数法分析顶塔式神庙建筑立面的过程

然而，采用二维计盒维数法进行分析，仅仅能从数学上证明被研究对象（往往为二维图形）具有分形维度和分形特征，在建筑设计的推敲过程中缺乏有效的控制操作手段，无法从实际设计操作的角度，为建筑设计提供一种更为直观，易于理解，易于控制的设计方法和设计工具。

IFS仿射变换的4个基本变换法则（位移Position、旋转Rotation、缩放Scale、拓扑变形Topological transformation）已经涵盖了空间生成元的所有操作。由于IFS的操作方法不需要抽象的数学公式和对高等数学的深入了解，可以通过常规的CAD软件功能实现，具有直观的可操作性，能够生成明确具有分形特性的三维空间形体。常规的二维IFS分形算法，从平面几何的角度为设计师提供了一种研究和创造二维分形图形的工具，同样的方式可以推广到建筑设计的三维空间和形体的生成之中（图4.3）。

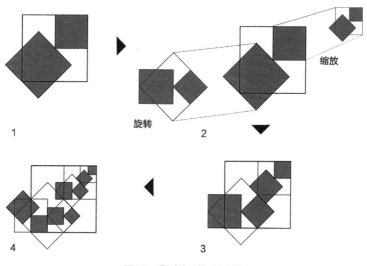

图4.3　典型的二维IFS迭代

三维IFS空间形态的算法原则和操作过程不是从抽象的数学公式出发，根据未知结果的参数迭代得出分形形态；而是从现象学的角度和设计师擅长的形象思维出发，通过设定的规则，从设计意向"反推"设计结果。因此，三维IFS分形算法适用于以设计为导向的建筑形态和空间的分析、生成（图4.4）。

图4.4 三维IFS分形算法生成的顶塔式神庙

4.1.1 单元组件迭代嵌套

在运用更复杂的算法系统进行自我相似迭代之前，我们尝试用最为基本的软件平台，在不利用任何自动化算法步骤的前提下，实现特定类型的分形形态。通过对这种最基本的算法操作的研究，为深入理解IFS的分形特征，从而发展出更智能、更复杂的算法奠定了基础。

通过实验证明，用SketchUp软件的组件（component）功能，结合仿射变换操作，就能实现自我相似的迭代。以下通过一个简单的分形示例，分步骤对这种方法加以阐述。

（1）首先建立一个基本的长方体，并将其定义为组件。我们将这个初始的组件命名为G0（第零代，Generation 0），也就是初代的单元体（生成元）。整个迭代系统的最原始单元就是从G0开始创建的。

（2）对G0进行变换操作，运用移动、旋转和缩放这三种最基本的变换方法，以某一种规则进行第一层级的复制。在本例中，将G0依次旋转

90°，并依次缩放为原比例的50%，复制为由6个G0组成的第一层级（旋转rotate=90，缩放scale=50%，移动move=a/2）。我们将之命名为G1，在这个步骤中定义的各个单元体之间的空间关系，形成了各个代系最基本的DNA信息（图4.5）。

（3）将G1复制4次，并且依次更名为G2、G3、G4、G5。将G1、G2、G3、G4、G5分别选中，并且断开各个代系之间互相引用的关联关系。在SketchUp 操作中，对各个组件运用"设定为唯一"（make unique）操作。这样，我们就能在不同代系之间互相嵌套，避开了SketchUp软件本身无法定义自我循环的限制（cannot create a recursively defined model or component）。这种办法能规避组件不能自我嵌套的约束，适用于任何有自我嵌套限制的软件，如AutoCAD软件的块定义（block）等。

虽然G1里面包含的各个生成元仍然是互相关联的（6个G01），但他们和G2里面包含的生成元（6个G02）已经不再具有关联性。同理，G03、G04代系内部的组件之间保持了代系本身关联的关系，但和隔代之间不再相关。这里为便于分辨，将各个代系之间的生成元用不同的填充图案表示（图4.5）。

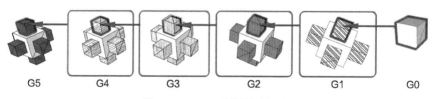

G5　　　G4　　　G3　　　G2　　　G1　　　G0

图4.5　SketchUp迭代的初始状态

（4）通过上述步骤产生了5代具有相同仿射变换定义规则的单元体，作为下一步生成迭代关系的基础。接着，我们采用逆序递推的方式，从G5开始嵌套，将G5内部包含的G05替换为G4，将G4内部包含的G04替换为G3，将G3内部包含的G03替换为G2，以此类推（图4.6）。

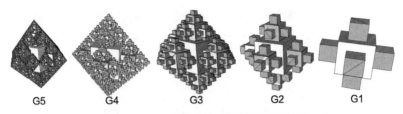

图4.6　SketchUp的IFS迭代操作后的各代系结果

（5）现在，G5已经包含了G0、G1、G02、G2、G03、G4各个代系内部的所有信息，包括它们的移动、旋转和缩放的相互仿射变换关系。修改G0，所有代系内部包含的G0都会相应随之更改。同样，修改G1内部的G0的基本仿射变换关系（比如修改旋转角度和相互位置等），G2、G3、G4也会产生相应的变化（图4.7）。

在上述方法中具有以下几个重要的操作控制要素：

（1）在每一个迭代层级之间，必须明确地建立边界框架。这个边界框架可以放在一个单独的层中进行隐藏，并作为各个层级之间联系的重要定

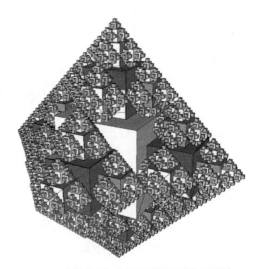

图4.7　包含了G0～G4所有代系信息的G5组件

位原则。缺少了它，各个单体之间就会形成离散的个体，而无法成为一个紧密相关的、可三维打印的整体。

（2）如果下一个层级的形态大小是被严格限定于边界框架内的，就会形成一种稳定的生长趋势。如果形体尺寸小于边界框架，其生长模式是逐步缩减型的；如果下一层级的体量大于上一层级的边界框架，其生长模式则是扩张型的。因此，通过控制各个层级的形态大小及其与边界框架之间的比例关系，就可以形成不同的生长规律（参见6.1.2节关于组件重叠性的讨论）。

（3）在每个层级中需要建立两种性质不同的个体——活化的个体和非活化的个体。两种个体的构成元素可能是一致的，但活化的个体可以被下一层次的迭代单体所替换，而非活化的个体则只在本层级内部起结构性的作用。具体到SketchUp软件中的实现方法，活化的个体可以利用具有单元体替换功能的组件来实现，非活化的个体则利用不具有联动替换功能的成组（group）来实现。代系之间进行的替换只会影响活化的个体，而非活化的个体则保留了其在本层级内部的性质，不会被自动替换，为实现分形过程中大小个体间的同时并置创造条件，从而避免了形成相等大小的最低层次单元体之间堆叠的最终形态。相应类型的操作，在图4.8中得到了二维化的实现，只不过用SketchUp的替换方法在设计操作层面更容易控制，可以不用再拘泥于相同的仿射组合，动态地进行各个层级之间仿射组合关系的调整。

（4）吸引子就是各个代系之间，各个单体仿射变换的相互定位关系。仿射变换规则组合的设计（即吸引子设计）是分形规则最重要的设计要点。无穷多的组合是无法用单一的预定义模式进行设定的。在最大程度地实现IFS设计的调控可能性方面，SketchUp软件的操作灵活性甚至高于任何一种事先限定好的分形规则系统。

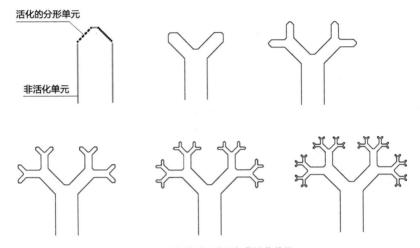

活化的分形单元

非活化单元

图4.8 活化的分形单元与非活化单元

4.1.2 参数化分形嵌套

SketchUp的组件逐代替换方法由于缺少更灵活的智能参数化调控性，在操作上具有一定的局限性（但可以利用软件中具有部分参数化特征的可调式组件，来实现更大的调控灵活性）。运用具有更大调控能力的其他参数化软件，则能够更高效地控制迭代形态。在基于3ds Max平台的GrowFX插件或者Xfrog软件中，不同单元体采用了关联式变形的方法，被"分布"（populate）在不同代系的不同位置（节点）上。利用GrowFX插件，以基于IFS操作方法的参数化分形嵌套（parametric fractal nesting），可以实现类似于IFS分形的空间形态，且具有更大自由度的变换操作空间，为真正的三维建筑空间设计创造了条件。例如，利用节点分布方式，可以实现多个GrowFX实体的嵌套。各个节点的相对移动、旋转、缩放，可以改变生成元之间的空间仿射映射关系，进而直接影响整个GrowFX实体。可以对分形嵌套的概念加以扩展，用两层、三层，甚至多层结构进行嵌套，同上述组件迭代嵌套方法一样，形成真正的分形（图4.9、图4.10）。

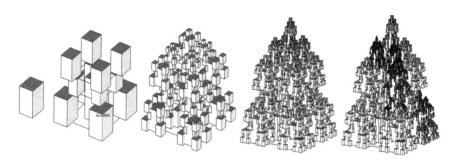

图4.9 GrowFX分形嵌套

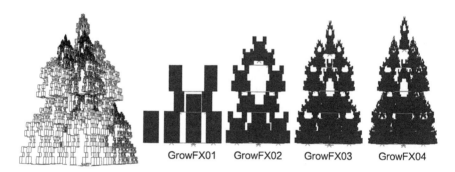

GrowFX01　　GrowFX02　　GrowFX03　　GrowFX04

图4.10 经过三次IFS迭代后的分形嵌套

从上述实例可以看出，每一个迭代层次之间已经包含了个体所需要的所有参数（子代系相互间的空间仿射变换关系）。但由于每个层级之间是相对独立的，故可以独立控制。不同层级之间的映射关系可以是完全相同的，也可以完全不同。如果代系之间完全相同，就形成了纯粹的自我相似形态；如果不完全相同，则其最终结果会更加复杂，创造出更为丰富的随机分形形态（图4.11）。这种结果也许并不是纯粹的自我相似，但仍然是由迭代算法形成的，具有显著的迭代特性。各个代系之间参数完全相等的自我迭代产生的自我相似，只具有数学上的美学意义，但在建筑设计实践中的实用价值并不大。

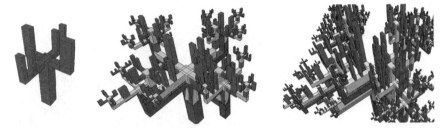

图4.11　子代系之间变换关系不同，经4次迭代产生的结果

　　本书所讨论的XenoDream、GrowFX、Xfrog等软件（或插件）原先被用于设计植物和生物形态，并不是为建筑设计而开发的。但利用其软件算法本身的特性，却为生成具有分形性质的建筑形态提供了高效的方法和工具。这些工具从建筑学以外的领域，为理解建筑的分形特性开拓了思路。无论利用何种软件平台，通过上述以三维IFS仿射变换为原则进行迭代嵌套的方法，均可以实现"有限次嵌套"的具有分形性质的建筑形态。

　　由于分形的跨尺度特性，具有自我相似性质的形态包含了一切尺度的空间特性，上述实例的运用范围既可能小到一件家具，一尊雕塑，一个室内空间，也可能大到一栋建筑，一个街区，甚至一座城市。上述的实例仅仅使用了仿射变换中的移动和缩放操作，排除了在各向空间轴上的旋转以及单体生成元自身拓扑变形所能产生的丰富效果。然而，IFS方法不仅能够简单地生成顶塔式神庙建筑形态。例如，在XenoDream软件中，水平方向上布置更多的holon和迭代体，可以轻易创造出整个分形城市，而其基本构架却是寥寥数个简单的迭代方框（图4.12、图4.13）。

　　如果允许迭代体在x、y、z方向上都产生旋转，并充分利用仿射变换的所有参数，IFS方法能产生与上述横平竖直的空间形态完全不同的自然形态，如群峰，烟雾，翅膀，等等。这充分体现了IFS仿射变换的强大造型能力（图4.14～图4.16），可进一步拓展分形建筑形态的外延，为理解建筑与自然的分形关联性提供了潜在的设计方法和有益的参考。

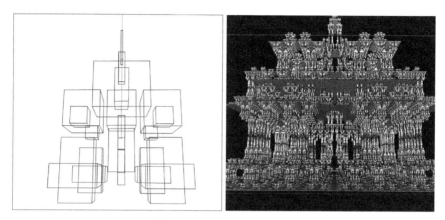

图4.12　XenoDream分形建筑

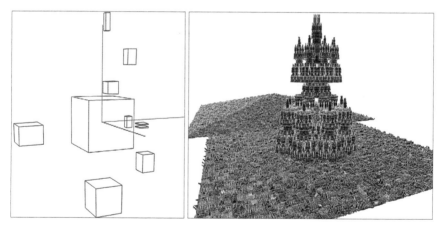

图4.13　XenoDream分形城市的基本holon构架

　　基于IFS方法产生的图形基本上都是属于分形的，但其只是整个分形几何的一个部分，亦即IFS是分形的一个子集。由于本书的研究对象主要是建筑，而非广义的分形几何范畴，因此选取分形中适合于建筑学的子集进行研究是顺理成章的。

图4.14 采用完全相同的层级关系，但代系间采用不同的旋转规则生成的4种形态

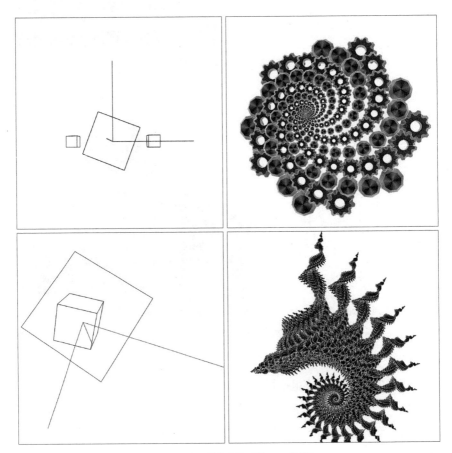

图4.15 增加整体旋转后的holon迭代

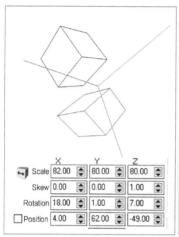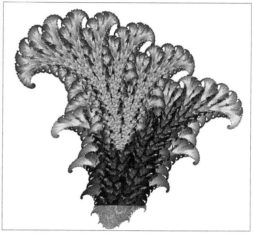

图4.16　接近自然形态的XenoDream分形迭代结果

4.1.3　IFS与设计逆向反求

　　根据拼贴定理，利用IFS方法，针对一个给定的图形（一般是二维图片）反推其生成规则，就可以大致得到其原始图像，进而大幅度压缩信息。IFS方法是分形迭代生成的"逆向工程问题"。

　　软件IFS LAB运用的就是拼贴定理，通过IFS方式逆向重构近似的分形图案。在设计过程中使用者进行简单的草图绘制和直观的鼠标拖动操作，IFS公式仅在软件的后台起作用，真正做到了以设计操作为导向（图4.17）。类似的人性化、直观化的操作原则将会是未来三维参数化建筑设计软件的发展方向。

　　逆向工程可以得到类似于原始设计的效果，但其所使用的逻辑可能与原作品的逻辑完全不同。这一设计方法最重要的作用就是能够利用现有实例，以算法反求的方式创造出新的实例。新实例和原始实例之间具有某种形态上的相似性，但设计却不雷同。通过对已经存在的建筑现象

图4.17　分形蕨叶的IFS逆向反求

进行反求原则的分析，以反求的方法追溯算法原则，尝试在新的项目里获得新的成果（见图4.29）。这种做法类似于图解的重构，因为即使最终的效果类似，但中间的逻辑结构却已经过了重新整合。图解既然是一种抽象的方法，那么运用相同抽象方法创造出来的不同作品理应是具有原创性的。

　　反求的目的，是再造具有某种特殊现象规律的新建筑现象。这种新的建筑现象是来源于自然现象或原有建筑现象的，但是又和原有现象不完全一样，具有某种变异的特质。它们不是拓扑学上的同胚，而是现象上类似的"家族成员"。同一家族成员之间由于具有相同的血统（规则），因此具有某种可以识别的特性。但他们又不完全一样，同时具有统一性和多样性的特点。

4.2 ｜ IFS的 设计原则

4.2.1 单元体设计

从上述逐级嵌套分形的方法可知，在IFS的设计过程中有以下基本步骤：首先，需要一个或多个基本元素（单元体），作为操作的初始单元；然后，对这些初始单元进行多次、同原则操作，也即对单元体运用吸引子；在多次操作过程中，需要对操作原则和初始单元进行相应的变异，以产生更具多样性的结果。在上述步骤中，任何一个要素都是不可或缺的。几种要素共同作用，形成了最终的形体。下面将分别针对上述基本要素或步骤进行阐述。

1．空间容器——广义的单元体

进行分形设计的第一个步骤，是确定一个用以进行迭代操作的初始单元，也就是我们所说的单元体。单元体可以是任意形态的单个物体，或是多个物体的组合。为了便于理解组合单元体，我们引入了空间容器的概念。在数字空间里，我们将任意形体放入一个抽象的空间方盒子（容器）中。这种容器可以容纳各种形态，是一个概念上的虚拟方盒子。在方盒子的空间中，设计师既可以填充实体的建筑形态，也可以填充虚的建筑空间。当建筑形态之间相互重叠的时候，又可能形成下一个层次的复杂性。容器是一个可以进行任意设计操作的空间范围。这个空间范围可以利用自我相似的原则，填充下一个层次更加复杂的空间范围，如此反复循环、周而复始。空间容器可以容纳任何可能的建筑形体，也涵盖了无限的设计可能性（图4.18）。

老子《道德经》中提到："三十辐共一毂，当其无，有车之用。埏埴以为器，当其无，有器之用。凿户牖以为室，当其无，有室之用。故有

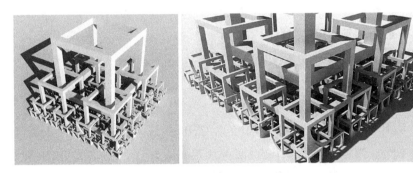

图4.18 分形的空间范围框与空间容器

之以为利,无之以为用。"空间容器对空间中虚与实的概念进行了再度延伸,实体和虚体成为一种可以互换的概念。当我们在这个空间容器中填入建筑构件的时候,就成为建筑的结构;当我们填入更多的虚空间时,则成为空间的构架。设计的问题,最终归结为如何设计空间容器中的填充物,以及如何用一定的迭代规则去布置这些空间容器。

如图4.19所示,多个不同建筑单体的组合作为一个复合单元体。图中的组合控制框就是一个包含了多个子物体的三维容器。以这个容器作为单元体,进行旋转和缩放的迭代操作,就形成了更大的空间容器。这种操作可以无止境地迭代下去,最终形成如图4.20所示在空间中不断蔓延生长的城市聚落。这个城市聚落是由多个层次的嵌套容器组合而成的,形成了异常丰富的空间变化。

2. IFS生成器与向量

在IFS分形单元体的生成过程中,具有两个关键元素:初始发生器(initiator)和生成元。生成元被用来替换初始发生器中的单元体。如果把这两个关键性元素统一以"代系"概念替代的话,初始发生器实际上就是G0。例如,在雪花曲线生成的过程中,发生器G0实际上是等边三角形的三条边,生成元则是由4个G1单元体首尾相连形成的(图4.21)。

迭代原型

■ 迭代结果

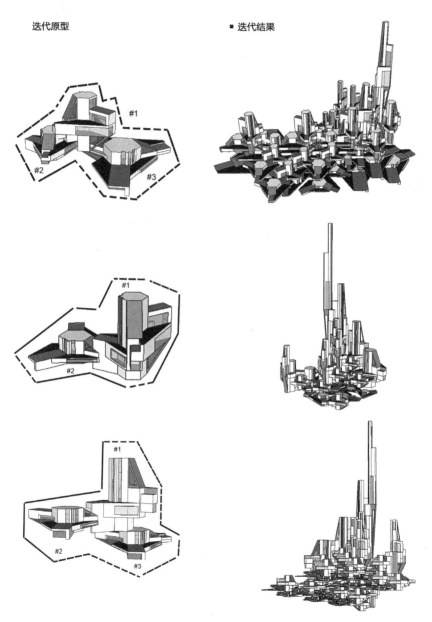

图4.19 不同单元组合对分形容器的替代

图4.20 空间容器替换后生成的城市空间

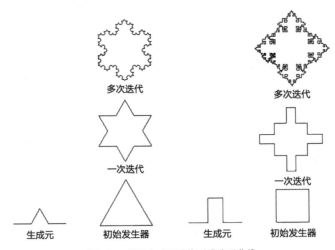

图4.21 利用生成元迭代形成分形曲线

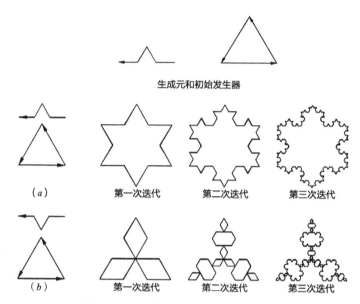

生成元和初始发生器

（*a*）　第一次迭代　　第二次迭代　　第三次迭代

（*b*）　第一次迭代　　第二次迭代　　第三次迭代

图4.22　生成元的向量控制对分形曲线的影响

　　方向性矢量对迭代生成过程具有很大的影响。相同的单元体布局在不同方向的向量影响下会产生完全不同的形态结果。单元体矢量的方向不同，可以认为其初始的仿射变换旋转角度不同，因而其吸引子也就不同。在三维IFS的生成中，特别是具有高度、深度、宽度的单元体中，单元体必须选定一个控制轴和基准点（例如边界框架的中轴线或某个边）。其目的是控制单元体的矢量方向，并且让迭代以后的各个层级形成完整的连续性（图4.22）。

4.2.2　吸引子设计

1. 仿射变换与IFS吸引子

　　奇异吸引子又称为奇怪吸引子，是运动系统的一种特性。以吸引子为基础的运动系统，无论其物理过程是否具有混沌的性质，都会在吸引子的

作用下向某种最终状态收敛或者
聚集（图4.23）。

　　奇异吸引子具有以下三个主
要特点：

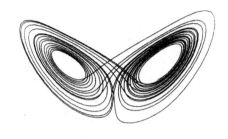

图4.23　奇异吸引子

　　（1）奇异吸引子对初始值有
很强的敏感性，初始输入值的
微小扰动会导致输出结果的截然
不同。

　　（2）奇异吸引子往往具有非整数维（也称分维），也就是具有分形的
特性。

　　（3）奇异吸引子与尺度无关，无论在什么尺度范围内，吸引子的局部
都具有与整体相同的结构。

　　吸引子是抽象的规则系统，在吸引子的作用下，将产生分形的生成机
制。在数学上，吸引子对分形的最终形态具有决定性的作用。在一种特定
的吸引子作用下，无论其基本单元体的特性如何，最终都将被"吸引"并
趋向于生成相同的"稳态"。

　　在《混沌与分形——科学的新疆界》中，作者用多重收缩复印机
（Multiple Reduction Copy Machine，MRCM）来类比迭代函数系统的迭代
机制。与普通复印机不同，多重复印机在一个反馈回路之中工作，其复印
输出结果可以不断地作为下一次复印的输入。在这个机制中，其最终形态
与复印机镜头的组合方式有关，而与原始物体无关。特定的复印机镜头的
逻辑关系，就成为一种吸引子（图4.24）。

　　在IFS系统中，吸引子就是仿射变换的特定组合：移动、缩放（镜
像实际上是缩放因子为-1的一种特殊的缩放）、旋转、拓扑变形［扭曲
变形、自由变形（Free-Form Deformation，FFD）］等，以及由力场（心
理力，物理力）促成的运动的组合关系。在数学上，最终IFS的整体形

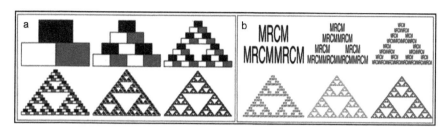

图4.24　多重收缩复印机的吸引子

态只与吸引子的组合关系有关，而与单元体无关（图4.25）。但是由于在三维的建筑IFS系统中，允许单元体突破本身的空间容器进行变异（参见6.1.2节关于镶嵌单元的讨论），单元体本身的形态也会极大地影响同一个吸引子作用下的IFS系统。因此，在三维IFS中，单元体和吸引子组合同等重要。

　　吸引子对初始值敏感，也就是说运动规则的初始设定对最终的稳定状态具有决定作用。在数学上，一个系统往往只具有一个统一的吸引子，在各个层级迭代的过程中，吸引子是不变的，因而最终趋向于类似的结果。建筑领域的IFS吸引子往往需要更为灵活的设计原则，在迭代的不同层次可以采用不同类型（或者同一类型的不同变体）的规则。IFS分形规则系统是基于设计条件对不同吸引子的灵活运用。分形规则系统的最终结果受控于设计过程中的决策和判断，不仅仅受"初始"条件的影响。因此，建筑IFS系统虽然基于简单的分形原则，却提供了极大的设计可能性。

　　基于Grasshopper的关联式变形算法，将IFS中的几种基本变换进行了参数化链接，能够随时直观地看到迭代改变后的运算结果。3ds Max的克隆（Clone）插件利用堆栈编辑器的方式进行仿射变换，通过对单元体进行多堆栈的重复操作，也能够实现类似的迭代效果（图4.26）。

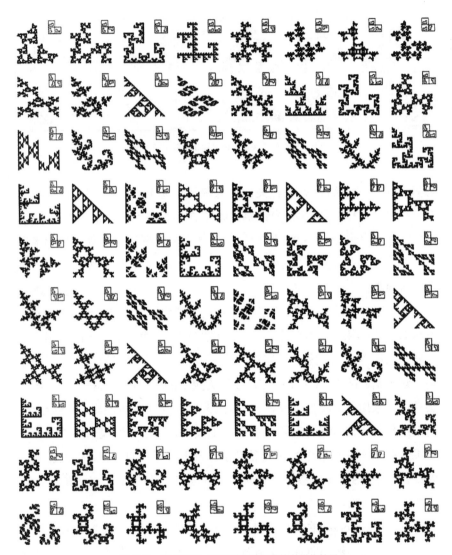

图4.25 相同规则、不同吸引子形成的多样化结果

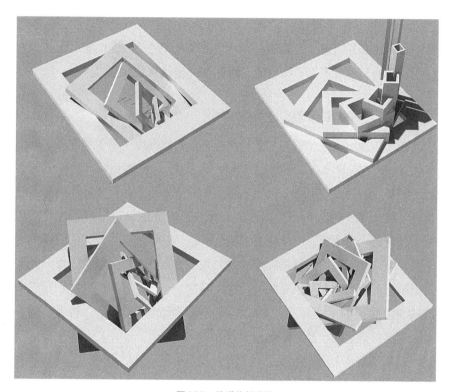

图4.26　关联仿射变换

2．移动——最基本的IFS操作

移动是最简单，也是最基本的仿射变换操作。如果没有移动，所有的单元体就会全部集中在同一个位置，重叠在一起，也就无法产生空间和层次。

点的运动形成线，线的运动形成面，面的运动形成三维物体；其中，最基本的运动操作就是平移运动。在物体的平移过程中，运动速度决定了偏移的间距。匀速运动所产生的偏移间距是相等的。当物体并不是匀速运动的时候，间距就有可能产生多种变化。当运动速度恰好使偏移间距等于物体本身的尺度时，物体之间就产生了无缝的阵列连接；当运动速度逐渐加大，物体之间的间距也随之加大。受到格式塔心理学的影响，当物体之间的间距达到并超过一定距离时，两个物体之间的关联性也随之减弱，人的视觉和心理也就不再认为这两个物体之间是具有关联性的。

3．旋转——形体塑造的关键

在《转折——形体的本质》一文中，孙锡麟提出了一个非常重要的形体理论："形体的矛盾是转折与非转折的矛盾"，也就是说，形体的关键在于转折。转折是广义的旋转，从造型的角度来看，转折实际上就是面的旋转。对一个平面进行细分，当所有面与面之间的旋转角度都为零的时候，将得到一个平面。当4个面的旋转角度都为90°的时候，我们将得到一个长方体。然而当面数继续增加，旋转角度为渐变角度的时候，得到的形体则是曲面。曲面和平面在拓扑定义上是完全一样的，它们的区别仅仅是旋转角度参数的不同而已。因此，只要我们精确地理解了"转折"的含义，就能将其运用于指导形体的设计之中。

旋转具有几个层次的含义：一是，整个物件层次的旋转；二是，子物体的旋转，也就是在计算机中构成基本物体单元的下一层次物体的旋转。例如，在3ds Max软件中，网格（mesh）的下一层次物体是面（face），面的下一层物体是边（edge）。和折纸形态的生成原理一样，表面之间由于共面边的旋转，形成形体的转折。

同一个事物从不同的视角看，具有形态上的两面性，甚至是多面性。虽然是同一个空间，但是从不同的角度看，会产生完全不一样的视觉现象，这就是空间的多向性。"不识庐山真面目，只缘身在此山中"是因为人视角的变化超越了格式塔心理学所赋予人的心理自我定位和回归的能力。登山时从山上往下走，看山下景物的变化，和回过头去看山上景物的变化是完全不同的。因为同样的物体从不同的角度看，存在着明显的视错觉，这种错觉有可能超越了格式塔心理学所赋予人的视觉心理容忍度。因此，人的心理无法对这种现象得出一种自我回归的合理解释，而倾向于把一个仅仅是从不同角度观察的物体理解为两个完全不同的物体。

同理，多个相同的各向异性单元体（也即非中轴对称的单元体），在三维空间中不同位置和旋转方向的放置，会形成完全不同的视觉形态。特别是非长方体的基本单元体，容易形成空间辨识度上的混淆，进而形成空间的趣味性。

在安溪茶文化博物馆项目中，4个完全相同的晶体形态，经过4次90°的旋转，再加以组合。从不同的角度看这个建筑群，得到了完全不同的透视感觉（参见9.3.2节）。

可见，利用完全相同的各向异性单元体，通过随机性的旋转变换，可以达到变化丰富的效果。马路两旁的行道树，即使是同一个树种，也不会有两棵是完全一样的。在建筑设计中，由于经济性的考虑，不可能做到每一个单元构件都不一样。但是可以利用同一个组件，通过不同角度的旋转，形成与行道树多样性类似的视觉和空间效果。例如，以向不同的方向延伸出枝干的树形柱作为一个基本的单元体，在沿着一个方向进行阵列的时候，同时进行角度随机的旋转。不仅仅是一棵树，不对称的柱子，或利用不对称手法切削后的立方体，以不同的角度进行旋转后再组合，就会形成韵律感（见图5.3）。这种韵律感不是基于不同个体的重复排列，其丰富的空间效果产生于同一个单体旋转角度的随机性，在设计与建造上具有实际的经济意义。

4. 缩放与尺度并存——分形特征的成因

分形特征的成因，同时也是分形设计方法的关键，在于"大尺度和小尺度单元的同时并置"。在仿射变换中，缩放就是形成尺度差异性的操作。事实上，二维镶嵌和集聚都具有分形的基本要素，也就是由单元体密集组合在一起，形成整体。但是普通的镶嵌和集聚无法形成分形中最明显的特征，即在同一个形态中同时具有不同尺度的单元。而正是这种不同尺度单元的并置，造成了分形最显著的美学特征。

为了保持整体形象的主次分明，不同层级的单元体必须保持明确的尺度区分，也即在一个形态上需要同时具有不同代系、不同大小的单元体。如果缺少了不同代系之间的并置，最终形成的形体就仅仅是最小单元体的普通堆叠。如图4.27（*a*）所示，当一个整体全部由同一个层级的单元体集聚形成时，就无法体现出分形迭代的递进性。在图4.27（*b*）中，由于

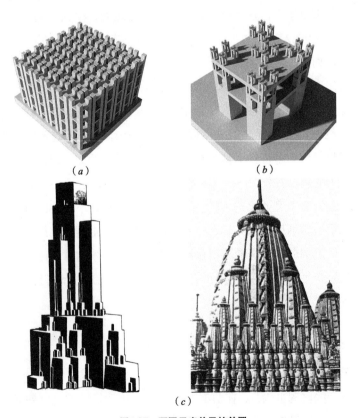

（*a*）　　　　　　　　　　　　（*b*）

（*c*）

图4.27　不同尺度单元的并置
（*a*）全部由同一层级的单元构成的整体；（*b*）由不同尺度的单元体构成的整体；
（*c*）不同代系尺度的并置

一个整体同时具有3个代系不同尺度的单元体，因此在同一个形态中就能明显地看出尺度对比。同理，在图4.27（c）中，由于不同代系尺度的显著对比，分形的主从和迭代关系变得一目了然。

4.3 | 子整体体系：XenoDream与holon

分形设计软件XenoDream利用了子整体的概念，即整体与局部一体的概念，以holon（软件中一种特殊的操作线框）的直观操作来实现。如图4.28左图所示，粗线holon线框在空间中相对坐标系原点的旋转和缩放（缩放93%，旋转30°）带动细线holon线框，经过迭代后形成了该图中图的简单螺旋图形；而细线holon线框在空间中相对坐标系原点的移动和缩放（缩放36%，向右移动20），再一次使总体图形自我迭代，形成该图右图的最终分形图案。

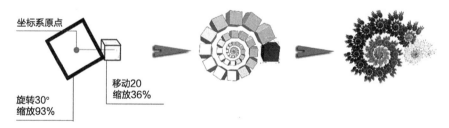

图4.28　XenoDream的holon迭代与空间变换关系

在对holon的控制中，仿射变换（平移、旋转、缩放及扭转等拓扑变形）形成了最基本和最重要的操作，由此确定了子整体之间的空间关系构架。只要仿射变换的基本操作参数不变，IFS的吸引子就是不变的，最终形成的分形图案就极为类似。

如图4.29所示，在XenoDream软件中，界面的左边是子整体的基本构架以及各个holon的基本空间映射关系，以线框的6面体代替，主要的参数就是前面所探讨的仿射变换；界面的右边则是holon迭代映射后最终生成的形态。这两幅图的对比实际上反映了分形理论的最基本原则：纯粹的基本框架由于迭代算法的作用，往往可以产生不可预测的最终结果。

图4.29是多个类似于印度顶塔式神庙的分形建筑形态。由这些案例可知，改变holon的空间组织关系，最终产生的三维形态随之发生相应的变化。在这些例子中，除了最后一个变体的角部holon增加了旋转45°的操作以外，其他三个以box为基本构造体的多个holon仅仅进行了移动和缩放两种操作，就依靠IFS迭代系统本身产生的丰富细节创造出了和印度顶塔式神庙类似的体量和效果。这些形体以顶塔式神庙为原型，具有同样的构造规则，却不与原始的神庙完全雷同，体现了IFS逆向反求法则丰富的设计灵活性。

4.3.1　整体设计——IFS的参数化实现

从4.1.2节用SketchUp软件直接生成分形的尝试可知，利用任何具有图块替代功能的软件都能够达到生成分形图形的目的，其区别仅仅在于软件所赋予的可调控性和直观性而已。

如图4.30所示，在Clone插件的界面中可以很直观地直接改变复制的个数以及各种变换的具体参数。增加一次克隆编辑器，也就增加了一次迭代。各个迭代层级之间的参数可以相同，也可以完全不同；因此，极大地增加了最终结果的复杂性。除了基本的变换参数外，对各个参数仍然可以单独调整其中的随机值。在Blender软件的Geometry Node插件、Grasshopper、Clone插件和GrowFX等可以大量进行单元体整体控制的软件（插件）中合理使用随机值，可以创造出更为复杂的分形形态。

图4.29　XenoDream软件中不同holon参数形成的多种顶塔式神庙建筑形态

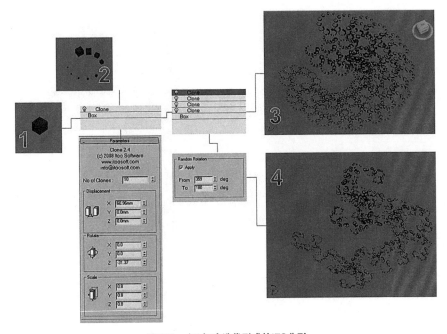

图4.30 经过4次迭代形成的IFS分形

由于Clone插件的基本原理是在基本单元体的基础上不断增加编辑器的数量，因此各个编辑器之间的关系是互相关联的。修改底层的编辑器和基础形体，其顶层的设计结果会相应发生改变。

由于奇异吸引子具有对初始输入值敏感的特性，在XenoDream软件中，当初始输入有非常微小的变动时，其最终结果往往超出预料。这和视频的混沌反馈非常类似，经过多次视频迭代反馈后，初始的输入形象只要产生微小的偏差，最终形态就会产生非常大的变动。同样，在Clone插件形态的调整过程中可以发现，任何层级之间微小的变化都有可能产生最终形态的突变。这类现象在不同的软件平台上都会发生，说明混沌与分形在参数的调整中有可能存在形态的不连续性。因此，在调整参数或改变迭代次数的时候，应该进行细微控制。总迭代次数一般不宜超过5次。迭代次数过多，会导致最终产生的形体过于复杂，有可能超出计算机的计算能力，也超出了设计师对总体形态的把控范畴。此外，各种迭代层级之间的参数化差异也不宜过大。最适合的调整方法是在保证其他层级参数不变的情况下，对某一层级进行参数微调，以达到对整体进行精确控制的目的。

4.3.2　XenoDream分形法则的转换

单个holon在施加变形之前是一个抽象的容纳物，并不具有任何具体的形态特征。在XenoDream软件中，holon可以施加多种变形器（Morpher），实际上就是对子整体本身进行的一种变换操作。首先，需要给holon附加基本的形态特征变形器，例如正方体、长方体、圆球体等；并调整这些基本形态特征的变形参数，例如，在正方体的基本形态上可以增加旋转等特殊变化，或者把正方形挤压、拉长等。其次，变形器可对已经具有基本形的子整体进行阵列等基本操作。这两步操作的目的类似于3ds Max的编辑器，都是利用不同编辑器之间的组合为基本形体创造更多变化的可能性。这仅仅是基本单元体（容器）内部的变化，还没有形成任何迭代。在容器所容纳的空间内，已经可以产生无穷多种基本的变化形式，再进行下一步的迭代操作，最终的变化将不可预期。因此，单元体设定是非常关键的一步，其变化会极大地影响最终形态。

由于XenoDream软件最终生成的结果以离散的点云方式体现，难以作进一步的建筑化操作和编辑，为后续的建筑学加工造成了诸多障碍（图4.31）。

因此，为了得到简单且可以灵活控制的建筑原型，可以参考XenoDream软件的holon方法，运用常规三维软件（如3ds Max、Rhino+Grasshopper等）进行相应的逆向工程，再运用功能更加强大的其他软件基础平台，将holon迭代关系进行更为方便的可视化转化。例如，将XenoDream的基本操作类型和最终形态作为设计的参考，进行总体形态预

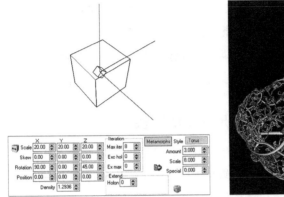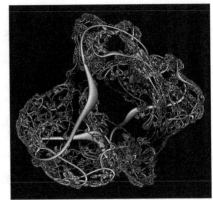

图4.31　XenoDream 生成的点云模型

览，用来判断holon的空间变换关系。在明确holon的移动、旋转、比例关系等相关操作后，把这种关系用更清晰的代系思路转换到其他平台中重新建构（见图4.30）。这样既可以利用点云分形软件的强大迭代能力得到分形结果，又能利用其他软件平台的可操作性简化设计成果，得到适用于建筑设计的最终原型。

4.4 | IFS应用
实践

　　对IFS设计原则进行梳理，是为了在设计过程中更好地加以运用。本节将通过4个原创实践案例，对上述IFS设计法则作进一步阐述。

　　下列案例的设计实验，均来自于几何学上一个简单的基本操作，即如何将一个长方形转变为三角形。如图4.32所示，选取长方形的两个对角点连线，将长方形切分成两个完全相等的直角三角形A与B。它们在空间关系上是以斜边中点为轴旋转180°以后得到的全等图形。这两个在空间中旋转对称的三角形，成为后续一系列迭代操作的基础。如4.2.1节所探讨的，

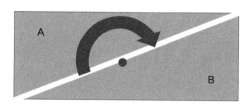

图4.32　三角形分形图解

这两个三角形仅仅是一个抽象的图解，一个具体造型的空间容器。这个空间容器在某些案例中是可见的，但也可能是不可见的（如同二维几何中的不可见辅助线）。在操作的过程中，三角形可以进行进一步的拓扑变换，因此其结果有可能并不呈现三角形的最终形态（例如4.4.2节的三丘田码头设计）。

以下设计项目的基本做法，都是从上述的基本单元（三角形）出发，采用移动、旋转、缩放等有限次的IFS仿射变换得到最终设计图解。例如航空港物流园项目，从迭代的角度看，以一个基本的直角三角形作为基本单元，镜像后得到第一代系（两个基本单元）；进行第二次迭代后，得到第三代系（4个基本单元），以此类推。

图4.33体现的并不仅仅是基本单元体的线性复制。对基本单元体的代系操作进行定性研究，在理论上为这些项目提供了以IFS分形特征为基础的设计主线。对于单体尺度的建筑，迭代次数应被限制在3次以下，总的个体数量应被控制在10个以内；而在城市尺度的建筑群设计中，对迭代次数的限制则可以适当突破，可产生数量级更为巨大的单体集群和城市综合体。

4.4.1　有限次的IFS迭代：曾山雷达站

在现实的中国建筑创作环境下，如何将分形的建筑设计方法与原则策略性地运用在不同尺度规模以及不同项目类型的建筑中，是建筑师首先需

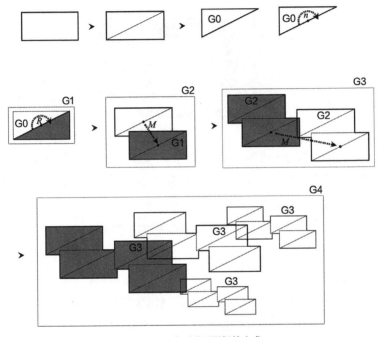

图4.33　三角形分形图解的生成

要面对和解决的问题。从小到大，或者说以小见大地实现一种设计方法，是我在创作过程中所采用的一种面对现实的策略。有限次（一次或者两次）的IFS迭代适合于体形较小、单元数量较少的建筑单体设计。规模较小的建筑各方面受到的限制也较少，更容易以一种实验性的手法实现设计师的创意。

　　厦门曾山雷达站建筑面积196m²，地处厦门岛南部曾山山顶，基地海拔高度100m，为厦门岛南部海角重要的制高点，与大担岛和金门岛互成犄角，可以180°无遮挡地俯瞰厦金海峡和厦门港东侧水道。曾山雷达站在满足全面监控海域的同时，也成为厦门环岛路一个重要的标志物，其建筑主体需要兼顾从厦金海峡以及厦门环岛路各个方向看到的全方位建筑形态。

　　雷达站的最初设计构思源于折纸飞机和三角形风向标。建筑平面由两个长方形交错叠加而成，通过长方形对角线的折叠，形成简洁而富有韵律感的屋顶结构，理性而轻盈，如同迎风飞起的折纸飞机降落在山顶岩石之上。造型具有明确的方向性和可识别性，巧妙地契合雷达站的建筑个性［图4.34（a）］。本案例的IFS迭代次数为两次，其形态可以理解为三角形经过一次旋转和一次平移仿射变化后得到的结果（见图4.33中的G2图示）。

　　根据雷达工艺的建设要求，雷达站屋顶需设置一个保护范围，以覆盖雷达天线的避雷针；同时，为确保雷达天线的有效探测，天线水平线下方30°须无任何遮挡［图4.34（b）］。避雷针位于二层屋面尖端，保护雷达天线的同时，在高度上避开了雷达波的障碍范围。一层和二层屋面向下折叠的角度均为30°，与雷达波的避让角度吻合。从二层雷达设备平台向外眺望环岛路和厦门港区，旋转的雷达和上层的三角形悬挑屋面形成了富有张力的构图。

　　雷达站的平面布局由两个全等长方形通过对角线折叠的方法构成。从不同的角度观看建筑物，可形成长、短边的边长对比，为不同的外部视角创造了不同的建筑形象。从西南方向的音乐广场看雷达站，由于透视角度的关系，直角三角形的长边与短边接近于相等，形成了类似等腰三角形的建筑形态。从东南方向的白石炮台遗址一侧观看，直角三角形长边与短边的长度差在视觉上被拉大，形成了方向感明确的不等边三角形。

　　雷达站基地原貌为大量原生态的巨石与茂密树林。建筑屋顶与建筑墙身全部采用和山上的巨石颜色接近的仿石漆。经过建成后多年的日晒雨淋，屋面自然雨水的痕迹使建筑和周边的巨石质感更为一致。在时间的洗礼中，建筑与基地环境融为一体，谦逊而不突兀（图4.35）。

　　从山脚下的太清宫仰望，雷达站虽然运用了完全现代的建筑手法，却和太清宫中国传统建筑屋顶的飞檐翘角上下呼应，形成了现代与传统的有趣对话。雷达站轻巧的体形和音乐广场的张拉膜景观构筑物遥相呼应，上

（a）

（b）

图4.34 曾山雷达站
（a）透视图；（b）剖面示意图

图4.35 从各个方向看曾山雷达站

下重叠的两个三角形体量犹如曾山顶上的风向标，指向厦金海峡。一层屋面上的雷达指针如同直升机的螺旋桨般，不停地缓慢旋转，使得静态的建筑具有了动感，并让这座小建筑增添了一份科技的升力。

4.4.2 IFS与结构对称：三丘田码头

三丘田码头案例的操作原则仍然是将基本的单元体（G0直角三角形）沿着三角形斜边中点旋转180°，得到与自身旋转对称的完整形态。在这个案例中，并没有进行第二层次的迭代，作为一个完整的形体，在第一层次的操作后就停止了（见图4.32）。在曾山雷达站案例中，以直角三角形为原型进行操作变形，产生的最终形体仍然是三角形；而在三丘田码头案例中，三角形仅仅作为一种形体的隐性控制元素而存在，也就是上文提及的抽象的容器。在三丘田码头的容器中，单元体已经不再是平面体，而是由渐变曲面构成的曲面体。

　　中心旋转对称的形态以正弦函数曲线作为形态控制要素，利用形体的曲面起伏，形成结构和形体完美融合的整体形态。建筑仅有两个支点，整体大跨度悬挑延伸。简单的平面布局配合动感流畅的造型，似钢琴，又似海浪；既与鼓浪屿钢琴码头遥相呼应，又与鼓浪屿的地理、人文完美契合，为鼓浪屿深厚的人文历史环境融入新时代的元素，形成鼓浪屿至轮渡码头海岸线之间一道独特的风景。

　　平面长方形薄板通过局部弯曲，以正弦曲线形态为基础，进行参数化演变，形成建筑的主立面控制曲线。正弦曲线具有两个波峰、两个波谷，波峰与波谷之间的峰值依次减小，高低起伏的曲线渐变形成平直的直线。正弦曲线的波谷直接延伸至地面，形成建筑的主要支撑结构（图4.36）。

　　建筑形体沿着长方形对角线进行180°旋转，形成旋转对称的结构支撑体。整体富有节奏的起伏，似波浪在涌动，又如展翅高飞的海鸥。建筑形态的需求同时也是结构悬挑特性的体现，大的波峰形成主要的支撑结构；越靠近端部，结构体所需厚度越小，整体形态渐趋平缓，从而减小了结构自重，建筑形态与结构受力完美统一。

　　厦门岛是台风多发地，三丘田码头所处位置四面无遮挡，是台风天气时风速、风力最大的地方，因此风荷载是结构所需考虑的主要影响因素。为了体现建筑形体的轻盈感，可以作为钢结构支承部分的结构高度很小，因此结构计算时借鉴了飞机机翼的设计理念。整体结构形式没有区分主结构和次结构，实现了结构的一体化设计。在长45m、宽16m的形体中，仅仅运用了两个双向不对称支座，结构厚度仅为650mm，最远端悬挑超过35m（图4.37）。

4.4.3　分形与建筑形体：厦门高崎国际机场T4航站楼

　　厦门高崎国际机场T4航站楼的设计运用了类似的三角形切分原理，通过4次迭代，得到8个形状相似但比例尺度不同的直角三角形。三角形容

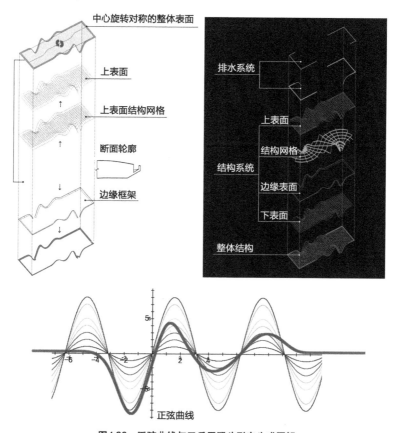

图4.36　正弦曲线与三丘田码头形态生成图解

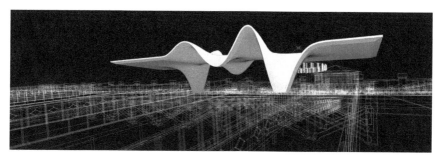

图4.37　三丘田码头

器内的单体，在这个案例中不是平面形态，而是采用直纹曲面作为迭代的起点。

厦门高崎国际机场T3候机楼将闽南传统建筑的坡屋顶和燕尾脊元素进行抽象转化，与大跨度钢筋混凝土空腹桁架结构相结合；既融合了闽南建筑的地方特色，又展现了现代建筑的结构特性和简洁风格，已经成为厦门空港的标志性建筑和厦门城市发展的独特记忆（图4.38）。因此，与T3航站楼在文化性和地方特色上的呼应，成为T4航站楼建筑设计的重要前提和评价标准。T4航站楼对闽南地域特色的体现需从研究传统建筑造型与空间布局入手，提炼传统建筑要素，用现代的构成方式进行重新解读、抽象与重塑，从而再现闽南传统建筑的精神。

T4航站楼的设计将闽南传统木构建筑的屋顶架构加以提炼、简化，形成具有韵律感的双曲屋面，殊途同归地再现了闽南建筑特有的起翘屋顶形式，试图重新演绎一种"闽而新"的风格，形成兼具地域性与时代性的"熟悉的陌生感"。但和传统的举架方式不同，T4航站楼的曲面形态是基于直纹面的转化，其形式生成逻辑极为理性：屋面由基本的长方体对角对

图4.38　厦门高崎国际机场T3航站楼

称提升，形成4边均为直线的直纹曲面；然后沿对角线切去屋脊部分，形成对角天窗带；最后镜像复制，形成完整的屋顶形态（图4.39）。

　　T4航站楼的直纹曲面没有分水线，因此并没有严格意义上的屋脊。T4的屋脊是传统屋顶的主脊和垂脊的合并。双曲面沿对角线切分出了两条柳叶形天窗带，在对角天窗带上，居中设置了与曲面曲率平行的"对角屋脊"，自然形成了如同燕尾脊的上翘效果（图4.40、图4.41）。

　　屋脊尽端如燕尾般一分为二，使檐角显得更为轻盈。屋脊与天窗的结合令室内环境与建筑造型协调统一：主楼中三道交会的天窗与指廊中的斜向天窗都形成了明确的人流引导；同时，也形成了良好的室内光环境。与传统建筑中轴对称的布局不同，T4航站楼主楼的主入口天窗并没有居中布置，而是位于总体偏右的位置，在立面上构成1∶0.618的黄

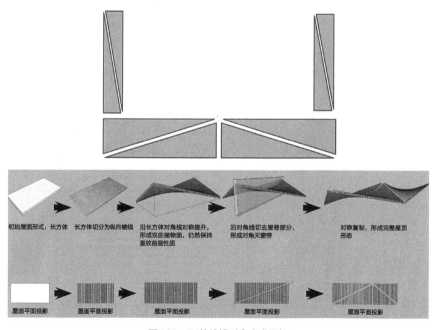

图4.39　T4航站楼形态生成图解

图4.40 T4航站楼总体鸟瞰图

图4.41 T4航站楼曲面屋顶"燕尾脊"

金分割比例，使南面两翼的倾斜角度互不相同，形成了更为强烈的动势（图4.42）。

T4航站楼的直纹面由于4边均为直线，所有构件均为直线构件，因此施工工艺简单，易于量化和建造（图4.43、图4.44）。

图4.42　T4航站楼主楼

图4.43　T4航站楼屋面的直纹曲面

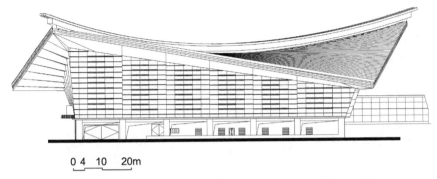

0 4 10 20m

图4.44 T4航站楼立面图

4.4.4 分形与建筑群体形态：航空港物流园北部商务区

　　IFS原则不仅可以运用于建筑单体的形体塑造，在建筑群体形态生成中有着更大的运用潜力，通过有限次的迭代能够高效地形成富有韵律感的城市建筑群体空间。

　　航空港物流园北部商务区项目的操作原则和T4航站楼的旋转原则类似，只是所选取的空间旋转点不一样。如图4.45所示，空间中的旋转点和直角三角形的长边位于一条直线上，4次迭代之后得到12个相似的直角三角形，呈线性布局，与基地的狭长形状相适应。在这个案例中直角三角形

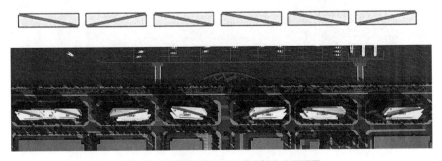

图4.45 物流园商务区的生成图解和总平面图

作为建筑形体中最重要的部分——屋顶。同样是三角形，曾山雷达站的屋顶是出挑的，体现了轻盈感；而本项目的屋顶则是作为形体的斜切，体现了明确而强烈的体量感。

每个直角三角形的方向依次旋转了180°；因此，每个建筑单体的屋顶切分形式各有不同，斜边与直角边的关系依次交替，形成了高低错落的沿海天际线。如同一支支白色的舰艇在海边待命起航，具有强烈的韵律感（图4.46）。航空港物流园商务区与南面的T4航站楼遥相呼应。在更大的城市范围内，相同原则的反复运用为城市带来了统一感与协调感，在城市层面实现了分形的总体构思（图4.47）。

图4.46 物流园商务区沿海天际线和总体形态

图4.47 物流园商务区总体形态

5

分支系统
与建筑设计

分支系统是最为典型的分形规则系统之一。本章从常规分支系统出发，阐述分支算法的分形生成机制。以常用分支系统生成软件的分形特征为例，描述其在生成分形形态上的优势及其主要算法原则；提出分支系统分形仍然是基于迭代及自我相似原则的观点。

　　本章通过探讨L-system与IFS算法的异同，以及前者在形象化设计操作中的不足，阐述在不同软件平台中如何以设计为导向生成分形分支系统。分支系统主要的构架是基于线性形态的；因此，如何在此构架基础上生成具有封闭外壳的建筑结构体以及可以利用的建筑空间，是分支系统在建筑设计中的难点。此外，本章还提出了几种可行的实践操作方法。

5.1 | 分支系统
与分形

　　分支（branching）是最典型的分形现象之一。分支系统的生长规律等级鲜明，无论是外在的视觉观感还是隐藏的生成规律，都具有显著的自我相似特征，是一种最容易被直接辨别的自我相似分形系统。分叉树形结构无处不在，自然界中大到河流峡谷，小到人的动脉血管结构，都令人不可思议地具有类似的树形结构（图5.1）。作为设计师，我们不必过分探究其中的力学或物理学原理，而应主要关注分支系统的算法生成规则及其在建筑生形中所具有的启发作用。

　　分支系统作为计算机图形学中被较早提出的分形算法，具有直观且明显的自我迭代和自我相似的生长现象，在植物学等领域被广泛应用（图5.2）。现有的大多数分支系统建模软件都是为计算机模拟生成植物形态服务的，对这类算法在建筑学领域的运用，仍需作进一步探索（图5.3）。

　　分支系统分形特征的形成依赖于相同的生成原则在不同分支层次上的反复迭代运用。在分支系统中，迭代层次的增加最直观的结果是枝干

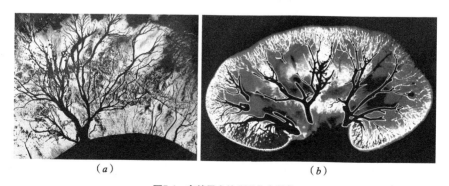

（ a ）　　　　　　　　　　　　　　　　　　（ b ）

图5.1　自然界中的分形分支现象
（ a ）美国科罗拉多河三角洲；（ b ）人的肾脏动脉血管造影

的不断分叉，在形态上与IFS系统（参见第4章）和镶嵌系统（参见第6章）具有明显的差异性。

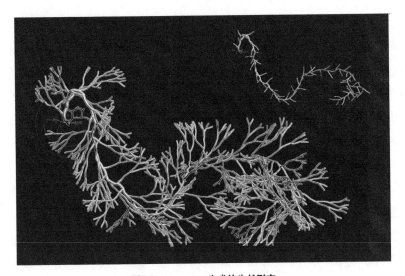

图5.2　L-system生成的生长形态

图5.3　分形分支形成的建筑空间

5.2 | 根茎

德勒兹利用植物学的概念，用根茎（rhizome）来定义一种没有层级式的数据入口和出口理论，并运用生物学中物种共生的概念来描述根茎的生长属性。和传统树状分支体系具有二元分类和二元选择不同，根茎具有跨种类和平层式的联系。根茎不具有树状结构的组织性，是一种无定向的网络结构。根茎没有开始也没有结束，没有主干和枝干的区别，总是处于一种不断生长蔓延的状态（图5.4）。

和具有明确层级分布和生长方向性的普通分支系统不同，根茎是一种不具有层级的特殊分支系统。常规的树形分支具有主干和枝干，从主干到枝干逐级变细衍生。根茎的生长特性则是在每一次生长中都形成可供下一次生长的新节点，这些新节点根据环境的需求和生长特性，决定是否继续产生分支。从新的生长节点产生出的分支有可能比上一层级的分支更为粗壮。经过多次衍生后，形成无法分辨主干和枝干的多层级混合型分支系统。这种混合型分支系统具有显著的分形分支生长特性，但其生长方向是不确定的，也不具有明确的层级，更符合社会学中共生的类型。

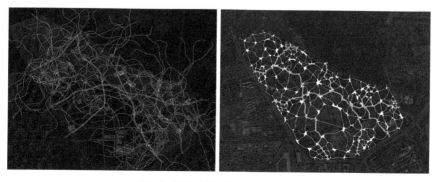

图5.4 不具有层级特征的根茎网络

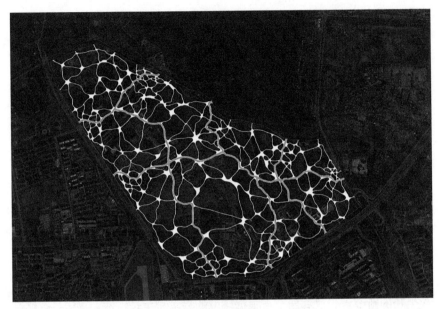

图5.5　根茎分支系统生成的城市肌理

在根茎中，任何一个分支都具有整体根茎的特征，而且都可以从自身衍生出具有完全相同性质的其他根茎，因此根茎具有典型的自我相似性。根茎生长的最终形态是一种错综复杂、互相交错的分支网络。这种分支网络和菌丝的生成结构非常相似，可以利用菌丝的生成算法得出类似的结果（图5.5）。

5.3 ｜ L-system

林登麦伊尔系统（Lindenmayer system），简称L系统（L-system），是由匈牙利裔生物学家林登麦伊尔（Aristid Lindermayer）于1968年提出的一种字符串重写规则，最初用于植物形态的计算机图形模拟生成。

L-system的本质是将字符串中的字符基于一定的规则，在迭代的过程中进行自我替换，利用字符串的迭代实现自我相似的生长。在不断迭代的过程中，初始字符串得到了生长和复制。将字符串转化为相应的图形绘制操作，就能得出最终的计算机模型（图5.6）。

L-system是一种纯粹用二维代码的迭代来表述生长机制的算法，运用字符串表述并限定分支生长方式，例如生长方向、旋转角度、生长速度等。其所用的算法仅通过字符串自身的迭代来扩展，因此在编程效率和节省计算机资源占用上具有较大的优势，比直观三维图形化展示的方式更为高效快捷。只要设定了基本的原则，就能用寥寥数行字符串表达完整而复杂的分支系统（图5.7）。

L-system除了能够生成植物类型的分支系统外，还具有强大的其他类型形态的造型能力，能生成二维和三维镶嵌（见图6.4）以及多种具有自我相似特性的抽象形态（图5.8）。

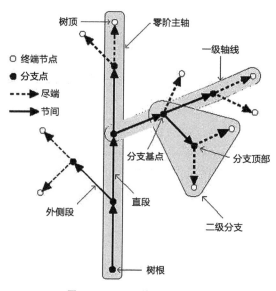

图5.6　L-system的生长原理图解

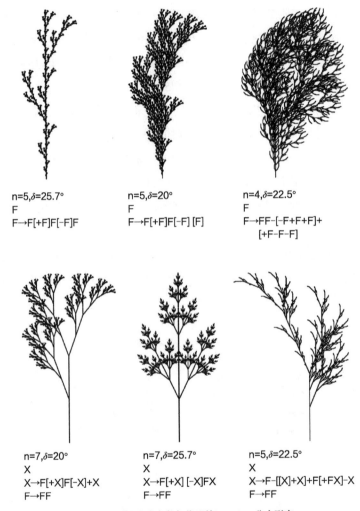

n=5,δ=25.7°
F
F→F[+F]F[−F]F

n=5,δ=20°
F
F→F[+F]F[−F] [F]

n=4,δ=22.5°
F
F→FF−[−F+F+F]+
 [+F−F−F]

n=7,δ=20°
X
X→F[+X]F[−X]+X
F→FF

n=7,δ=25.7°
X
X→F[+X] [−X]FX
F→FF

n=5,δ=22.5°
X
X→F−[[X]+X]+F[+FX]−X
F→FF

图5.7 不同生成参数与代码的L-system分支形态

虽然L-system是计算机图形学中产生分叉型树状结构最成熟的方法之一，但是这种系统需要操作者具备较为抽象的编程知识。对于主要运用图形化思维方式进行设计的建筑师来说，操作性和交互性较弱。

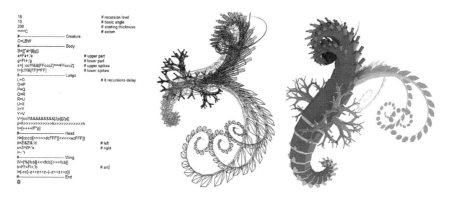

图5.8　L-system生成的抽象形态

5.3.1　L-system与IFS算法的异同

L-system系统的算法原理是在自定义规则的基础上进行不断的重复和自我替换，最根本的机制仍然是迭代算法。在迭代的过程中，L-system将自身的运算规律不断地复制，因而其总体形态和初始形态是自我相似的，具有分形的特征。如果将L-system和IFS两种算法进行类比，除了表面上字符串替代和三维形态替代之间的差别外，两者之间在操作和理解上具有明显的相关性和相似性。在分支系统的迭代中，IFS函数的几个重要控制因素仍然起着决定性的作用。

（1）L-system中的初始字符串a等同于IFS中的初始单元体。在迭代函数系统中，对初始单元体进行替换，而L-system则利用字符串进行替换。

（2）迭代函数系统中的仿射变换，如移动、旋转、缩放等，在L-system中都具有相应的操作：L-system中的前进对应于IFS中的移动，前进的速度对应于IFS中的缩放，前进的方向对应于IFS中的旋转，等等。

（3）如果将L-system系统中的分支抽象为三维的线性网架，则可以对应于IFS中的三维包容物。如果要将分支系统进行更为建筑化的运用，就必须探讨如何将线性的网架转化为可以进行设计应用的三维空间实体。

（4）插入节点（node）是分支系统分形机制的关键概念。在L-system系统中，状态语句是用来存储分支发展到某一个阶段之后的数据状态，以便后续操作提取的。状态语句就是一个插入节点。在每一个状态语句之后，程序会回到执行状态语句之前的初始状态，进行数据提取，并且进行新方向的行走。系统的这种特性形成了分支和分叉。

在Xfrog、GrowFX以及其他分支系统设计软件中，插入节点是通过单元体自身所具有的节点控制来实现的。分支的节点具有能够插入下一层子物体的特性，下一层子物体的插入是以上一层物体的节点作为参考点来实现的。插入节点就是分支路径上的可插入点。而在IFS分形方法中，插入节点就是范围控制框的起始参考点。有了这个点作为定位的基础，单元体的生成和放置才有基础，不同代系的仿射变换才有了坐标的原点。

（5）在IFS系统中，不同的单元体和吸引子会形成外向型生长和内向型生长两种不同趋势。外向型生长随着迭代次数的增加，形体逐步占据更大的外部空间；内向型生长则是随着迭代次数的增加，外部空间不变，形态在一定范围内不断产生层级细化或自我交错，密度不断增加（图5.9）。

（6）在L-system系统中的迭代，不可避免地要涉及上文在IFS系统中已经探讨过的不同迭代层次的规则变动，即算法的相似性在不同的迭代层

图5.9 外向型生长和内向型生长的L-system

次中是否必须完全一样的问题。和IFS一样，在L-system系统中，同样引入了混沌的设计控制因素。chaos是一种特殊的混沌系数，或称随机性参数，其目的是对每个迭代层次中的参数进行随机性变动，从而使最终产生的植物种类与类型更为丰富多变，避免完全相同的机械性复制。

　　纯粹的分形系统如果没有加入随机性参数，所产生的形体就会过于呆板，缺少自然界形态的灵动与变化，也缺少与周边环境因素互动的相应控制条件；而这种灵活性在建筑设计过程中则是必需的。如图5.10所示，如果没有边界控制、空间密度等扰动因素的引入，就无法生成与真实的城市更为贴近的形态模型。因为建筑设计绝不是纯粹的数学模型，不同的项目设置于特定基地条件中，必然产生相应的变动。建筑设计的过程需要引入外部设计参数，对设计原型产生相应的影响，进而生成丰富的设计结果。

图5.10　三维分形城市

5.3.2　L-system在形象化设计操作中的不足

在众多的三维软件中，如3ds Max的Blur插件，Grasshopper的Rabbit、Hoopsnake插件，Houdini的L-system插件等，都具有了将L-system字符串系统实时三维化的功能。Houdini的L-system插件已经具有了比较强的设计交互性，但是仍然需要设计者对字符串的操作原则和算法原则有深入的认识，对字符串可能产生的三维空间变化具有预见性，进而能够进行相应的设计变更和修改。而这一点往往是基于图形思维的建筑师难以做到的。

L-system的结构和算法特征是非常明确的，但是从设计的角度看，它具有如下几个缺陷：

（1）L-system软件操作不够直观和人性化，设计师只能从最底层的算法结构中控制形态的生成，需要设计师对基本代码操作具有深刻的认识。

（2）计算得出的最终形态无法与周边影响因素和其他控制因素进行互动。其最终形态是一种完美的数字化体现，无法根据环境条件的变化作出相应的改变。

（3）其生长规律的字符串描述不够清晰明了。在字符串的编程过程中，对最终生成的三维形态缺乏前期的可控预见性。在形态生成后无法进行实时的局部修改，只能修改代码后，重新生成。

直观展现设计结果的最终三维形态以及具有生成结果后的反向实时调整功能，是形象化的设计工具所必需的。虽然已经有大量基于各种三维设计软件平台的分支插件，可以将抽象化的代码转化为三维模型，但作为一种参数化工具，其易用性仍然不足。Sketch L-system软件提供了比常规L-system更为直观的设计手段。通过鼠标的拖动以及对原始分支系统旋转角度的控制，可以实时控制整个树形的生长。甚至在整个形态完成后，通过调整基层的分支系统，仍然可以改变最终形态。从而具备了良好的设计交互性（图5.11）。

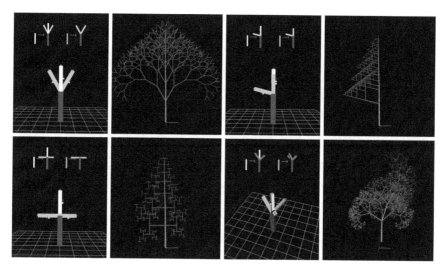

图5.11 Sketch L-system通过直观拖拽操作生成不同形态的分支系统

但是，此软件生成的仅是树形分支结构，是L-system可以形成的复杂三维形体中一个很小的子集，并且软件本身没有提供三维数据接口，生成的三维形体无法被导出，作为进一步设计的基础。尽管如此，Sketch L-system类似于草图的交互方式仍然为未来参数化软件的发展提供了启示：软件越直观，在软件操作中所需要付出的精力就越少，设计师就越能够集中精力于设计本身。因此，以设计为导向，操作更为简化是参数化设计软件发展的必然方向。

5.4 │ 以设计为导向的 参数化分支系统

5.4.1 Xfrog与分支嵌套

Xfrog是一种可用于直观生成三维植物模型的参数化设计软件。和L-system相比，Xfrog是一种更为设计化倾向的分支树形生成软件。其算法结构虽然是基于L-system的，但操作原理和设计规则更为明确和直观。在Xfrog软件构架中，层级和迭代的产生由两种方式来控制：其一是生长树中的层次叠加，其二是对生长树中某一个层次内的单元体迭代参数进行控制（图5.12）。通过拖动和增减生长树中的层次，Xfrog可以直观地增加生长树的层次迭代结构。每一个主干可以遵循相同的算法规则，也可以独立进行修改。第二层次的迭代基于主干的运算结果，受主干控制。每一个迭代层次中的相应控制规则，可以

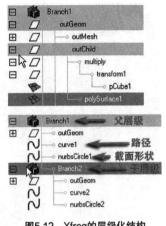

图5.12 Xfrog的层级化结构

由设计师主观或者客观地进行调整，从而提供了比常规分支系统更为灵活的设计控制因素。

　　Xfrog软件的层级结构非常清晰，每一个层级中已经包含着个体所需要的所有参数，可以利用层级的复制，将一个层级中的所有参数复制到下一个层级里面（图5.13）。

　　如图5.14所示，第一代分支由正弦曲线构成，第二代分支由余弦曲线构成。两个层级的参数可以独立控制。

　　Xfrog软件的层级图表具有清晰而简单的结构，参数控制又具有细化调整的可能性。从建筑师视角来看，整体思维流程控制清晰明了，更为直观，易用性远优于其他软件。

　　分形是一种具有空间弥散性和空间填充性的生成法则。这种生成法则如果不受到限制，计算机资源占用率将非常高。相同的规则经过5次以上的迭代后，其三维形体数量可能已经远超出当前的计算机所能处理的范围。如图5.14所示，仅两次迭代就形成了数量可观的网格数；经过3次迭

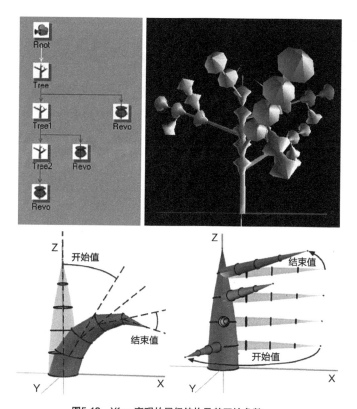

图5.13 Xfrog直观的层级结构及其双控参数

代后，就会产生超出百万数量级的三维形体。因此，在迭代算法中控制迭代形体的个数和迭代层数是保证操作可控的前提。

5.4.2 GrowFX的操作特性

GrowFX是基于3ds Max平台的一个参数化植物建模插件。GrowFX与Xfrog的建模思路几乎如出一辙，都是在不同层级上不断生长下一个层级的植物体；同时，上一层级的变动直接影响下一层级的生长（图5.15）。GrowFX具有和Xfrog类似且更适合于生长型建筑建模的特性。

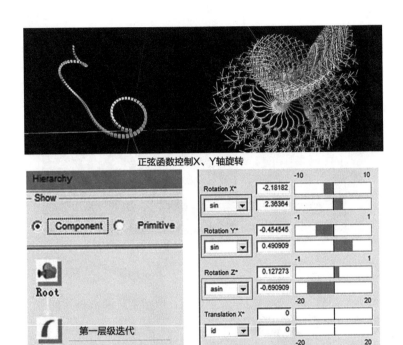

图5.14 通过简单的两级迭代生成的Xfrog形态

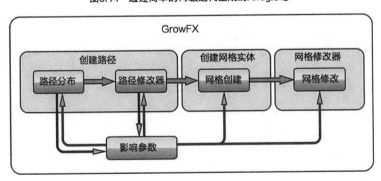

图5.15 GrowFX的算法流程图

（1）可以用任意物体替代层级中的实时参考物体（instanse geometry），并且可以控制关联单元体的动画形态。例如，通过控制单元体拓扑变形的比例，可以在各层级上产生不同开合角度的花朵。甚至可以选取另外一个GrowFX实体作为关联单元体，这样一个原型体的生长可以反映在另外一个原型体中，直接实现了同结构物体在不同层级上的生长。分形嵌套的概念可以继续扩展，用多层GrowFX进行嵌套，实现"有限次嵌套"的建筑形态。

（2）形态是以空间曲线为基础的，节点数目可以参数化控制。除了可以手动增加点以外，还可以利用路径和节点的个数、密度来控制生长。路径和节点可以导出到Rhino等其他三维软件中，作为下一步操作的基础。

（3）所形成的路径曲线和粒子系统的粒子运动轨迹曲线接近，可以用来模拟单元体在路径上的排列和运动状态。

（4）可以利用外部因素（如风、外部向量、物体附着、物体裁剪等），"影响"植物形体，形成依附于外部形态的蔓藤、经过裁剪的特殊植物形态等（图5.16）。

（5）随机性参数的引入使形体更接近自然形态。

（6）GrowFX和Xfrog控制曲线的方式类似：控制曲线片段的旋转角度，经由线的旋转形成面，进而形成空间和形体；旋转角度的设定决定最

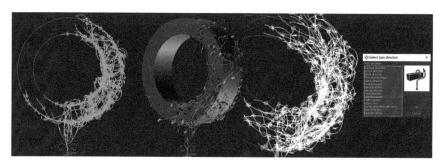

图5.16　由GrowFX生成的附着于外部物体的蔓藤

终形态。GrowFX同时控制节点的运动和依附于节点的单体。总体形态是在节点运动和单体分布的共同影响下产生的，是一种可控却不可预见的生长型建模。

5.5 分支系统的设计运用方式

分支系统的主要构架是线性的分叉；因此，如何在线性形态的构架基础上，生成具有封闭外壳的建筑结构体以及可以利用的建筑空间，是分支系统在建筑设计过程中的难点。分支系统既可以作为建筑的内部结构（结构框架、空间框架、交通系统等），也可以作为建筑的表皮和围护系统。设计的关键点在于如何运用树枝状的二维线，得到建筑所需的体量和形态，也即如何把不具有空间容纳特性的点和线转化为三维实体。

5.5.1 分支作为内部结构

以下是在实践中较为成熟可行的几种操作方式。

（1）利用分支系统形成的构架作为建筑的主要空间结构体，支撑其外部的包容物。这个包容物不一定完全紧密包裹分支系统，分支系统所起的作用主要是空间分隔和结构支撑。如图5.17所示，建筑的内部结构和外围护结构（屋顶、墙体等）都运用了类似的分支系统。建筑、空间与结构体系高度统一。

赖特在约翰逊制蜡公司总部高层塔楼的设计中，利用竖向核心筒作为树的主干，从主干上水平延伸悬挑出楼板，并用筒状的几何体包围内部的交通核。这是一种最简单的抽象分支系统，只有一个主干和第一层次分布的水平枝干，并不具有完全的分形特征。约翰逊制蜡公司总部塔楼将树状结构在一个尺度相对较小的建筑单体中加以运用。如将这个概念应用于更

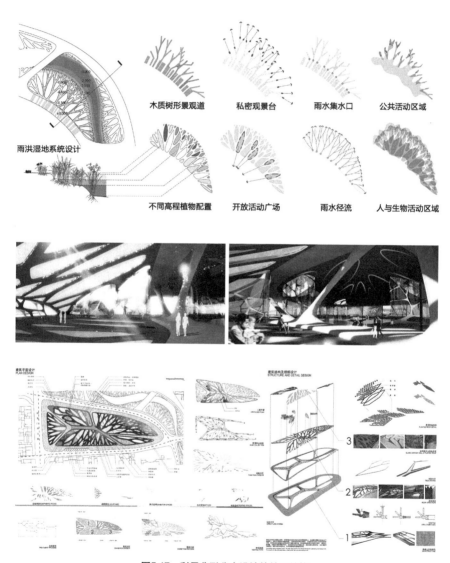

木质树形景观道　　私密观景台　　雨水集水口　　公共活动区域

雨洪湿地系统设计

不同高程植物配置　　开放活动广场　　雨水径流　　人与生物活动区域

图5.17　利用分形分支设计的社区结构

大尺度的城市空间，则有可能充分利用更多层次的迭代，形成分形分支系统构架。

（2）利用分支系统构架作为下一步操作的生成基础。例如，在生成分支结构以后，在下一步的操作中将粒子系统附着在已经生成的枝干上，形成具有空间包裹能力的建筑结构体。这种方式需要运用两种分形系统——分支与集聚。分支作为集聚算法的框架基础，单体集聚形成可以使用的建筑空间（见图8.24）。

（3）如同自然界中真实的植物生长一样，利用分支系统的主干生成更多的"叶子""果实"和"次级枝干"，作为人类可以居住和使用的空间实体，分支系统的"枝干"则作为主要的交通组织和竖向交通核。彼得·库克（Peter Cook）构思的爆裂村落（Blow-out Village）如同一棵巨大的机械树，采用的是类似的做法（图5.18）。图5.19案例中利用分支系

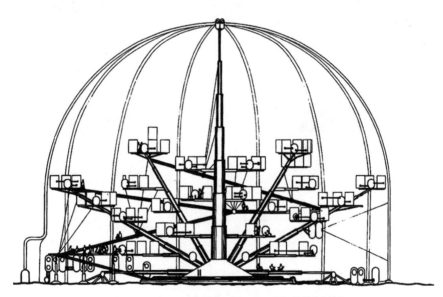

图5.18　彼得·库克的爆裂村落如同一棵巨大的机械树

图5.19　分支状系统生成的艺术装置

统生成的艺术装置支撑起的碗状空间，就可以作为主要的建筑空间来使用，而分支的枝干本身则成为连接各个建筑空间的交通联系。

5.5.2　分支作为表皮和围护结构

分支主要是由线性的枝干构成的，当分支的密度达到一定程度，分支之间相互重叠，就形成了编织。因此，可以利用密布的分支形成建筑表皮和围护结构（图5.20）。相互编织的分支可以形成表皮系统的主要龙骨框架，分支上的叶片形成龙骨框架的外墙面板。面板之间相互重叠，紧密地包裹在分支系统上，类似于蔓藤。

蔓藤围绕一个事先设置的主体进行生长，生长的最后形态取决于两个因素：被包裹物体的基本形状与分支蔓藤的基本生长规律。在3ds Max的GrowFX插件中，可以设定蔓藤与被围绕物体的吸引或者排斥参数，控制蔓藤与物体间的动态关联。各级迭代的所有分支都可以围绕这个预先设定的物体进行蔓延。蔓藤的最终形态是由原始的被包裹体与蔓藤本身相结合所构成的复合形态（见图5.16）。

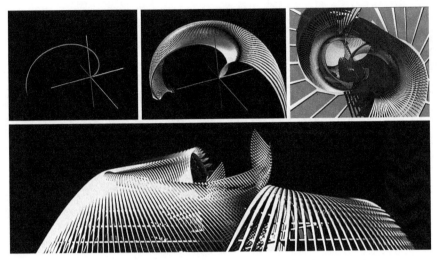

图5.20　Xfrog通过两次迭代生成的建筑原型

　　原始的被包裹体实际上是作为一种虚空间来设置的。在设计的过程中，可以首先根据功能需要，设置空间的基础支撑物，让蔓藤在基础支撑物上生长、覆盖，并且控制其与基础支撑物间距的紧密程度。当隐藏支撑物以后，留下的就是最终的覆盖蔓藤。任何分支系统都有生长出发点，GrowFX系统也不例外。在单一的生长系统中，可以制定多个生长出发点，并利用类似的规则，同时控制多个生长出发点的生长趋势。

　　蚕茧也是一种典型的二维线包裹空间的例子。蚕丝对特定空间区域形成缠绕，为蚕的生长包裹出一定的生存空间。蚕丝最初是线性形态的，当线性形态之间的交错达到一定密度之后，就形成三维空间包裹。蚕丝与蚕茧具有典型的分维：蚕丝的维数为2，完全覆盖的蚕茧的维数为3；同时，根据蚕丝密集程度的不同，蚕茧具有2～3的分数维。

　　编织是线性形态生成的另外一种例子。2008年北京奥运会主体育场鸟巢中所使用的原理和自然界中鸟巢的原理并不相同，是由主结构体系和次结构体系互相叠加形成的（见图6.28）。利用蔓藤和分支结构的生长原理，有可能形成更为自然且完全基于空间分支系统的鸟巢。

我们所观察到的树形密度并不反映树枝在空间中的真实密度。树的枝干以及树叶错综复杂的细节交织在一起，形成了一种视觉密度，也就是形体在空间中的互相重叠所造成的视错觉，被称为维数压缩现象。当我们把一个三维的空间物体转化为二维平面图形的时候，就会产生维数压缩。

当把一个简单的计算机模型从实体线的模式转换为线框模式的时候，实际上我们已经在视觉上给形体赋予了一种完全透明的材料，仅保留了形体的细节轮廓线。物体的前后层次由于视错觉和维数压缩的作用，完全交织在一起，形成了心理上另外一个层次的复杂性。原本简单的形体由于维度压缩而具有了复杂动态。如图5.21所示，线条的不断运动形成了角度不断变化的韵律感，前后不同层次的线条在视觉上的交错，造成了另外一种朦胧错动的美。

图5.21 建筑框线形成的视觉密度

5.5.3 分支系统的边界控制

分支系统是一种自下而上型的生长算法，其最终形态和自然界中自由生长的植物一样，是不可预测的。经过修剪的灌木丛形态比自由生长的植物更具有秩序感，是因为经过了人工修剪形成的平整表面弱化了树枝和树叶的随机性。在城市环境中的建筑物往往需要较为人工化的外部边界。通过对分支生长边界的控制，可以在数字环境中对自下而上型的分支生长形态进行局部的人工化控制，就如同对园艺植物的控制一样。这种做法令自然形态的分支更具有人工的秩序感，形成人工与自然的对比。

如图5.22所示的分形分支装置，分形分支树向上生长，越接近顶部平面，分支越细、密度越大，到达一个控制平面后停止生长，形成接近密闭的顶部平面。

图5.22 分支树分形装置

如图5.23（a），DLA粒子的生长被限制于控制形体内，生长趋近于控制边界后停止蔓延。而经过修剪的灌木丛形态则是剪切型的，任何超出外部边界的枝干或者叶片被强制切除。在GrowFX中，可以利用任意形状的剪切物体作为分支体系的外边界控制条件，为人工化的自然分支形态提供了一种强大的设计工具［图5.23（b）］。

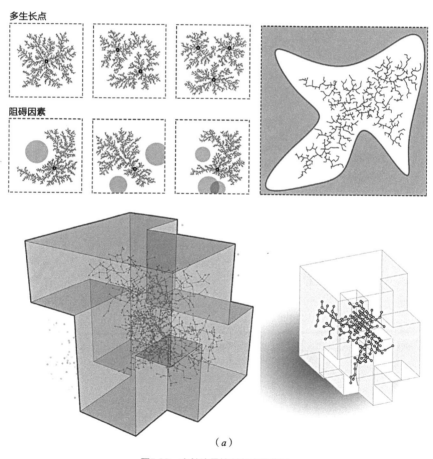

（a）

图5.23　生长边界控制和边界裁切
（a）DLA生长边界控制

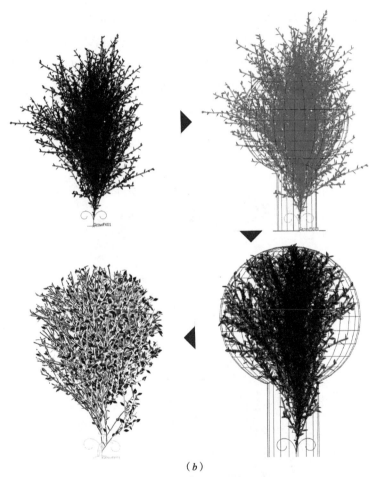

（b）

图5.23 生长边界控制和边界裁切（续）
（b）GrowFX插件利用外部物体对植物生长进行裁切

6

分形镶嵌系统
与建筑设计

本章从二维镶嵌和埃舍尔分形镶嵌入手，扩展到对三维镶嵌分形生成机理的阐述，讨论镶嵌中分形属性的成因和可能的算法规则。

三维晶格延续了IFS系统中的单元容器概念，每个晶格作为一个抽象的单元体包裹物，在内部不同层次上反复运用相同的迭代原则，进而形成分形特征。镶嵌系统区别于其他系统的最主要控制因素是单元的连续性。本章介绍了四分树（Quadtree）、八分树（Octree）等常用的适应性细分算法。

6.1 | 镶嵌的特性

6.1.1 分形与镶嵌的单元连续性

镶嵌是用一种（或者有限种类）单元形状无缝且无重叠地铺满平面和三维空间区域的算法。镶嵌的单元可以是二维的（瓷砖拼贴）也可以是三维的（空间晶体结构）。根据镶嵌单元的重复性，可以分为周期性镶嵌和准周期性镶嵌。常规的瓷砖拼贴属于周期性镶嵌，其目的是利用种类有限的单元体，高效率地覆盖平面（或曲面）区域。

镶嵌是一种典型的自上而下的空间细分（图6.1）。镶嵌系统具有空间连续性的特点，所有单元体严格地沿边界相接。不仅相互连接，镶嵌系统更要求空间中的二维和三维单元网格不可以相互重叠覆盖。例如埃舍尔镶嵌，即使外观上各个单元体之间的边界是互相交错咬合的，个体之间仍然是没有互相重叠的无缝拼贴，属于数学上的瓷砖拼贴（tiling）。

生成是自下而上的空间占用。生成与镶嵌在设计结果上最明显的区别在于，生成是由多个单独的单元体集聚在一起形成的，单元体之间在理论上是不连续的个体，个体的大小和相对尺寸会影响整体形态构成。

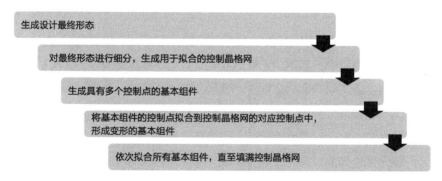

生成设计最终形态

对最终形态进行细分，生成用于拟合的控制晶格网

生成具有多个控制点的基本组件

将基本组件的控制点拟合到控制晶格网的对应控制点中，形成变形的基本组件

依次拟合所有基本组件，直至填满控制晶格网

图6.1 镶嵌的算法流程

当个体之间紧密联系，个体的大小完全填充个体间距时，产生的是一种可以无缝拼贴的连续表面；当单元体的大小超过个体间距时，单元体之间开始产生形态上的交错、融合与覆盖。上述两种情形都可以产生连续的覆盖表面。当个体的尺度小于个体间距时，单元体在空间中呈离散的点状物体，需要另外的结构体系将它们串联在一起，才能形成具有空间包裹作用的外围护结构。这种起串联作用的结构体系可以是个体之间的运动轨迹，也可以是可固化的三维空间网格。

无论是哪种方式，其分形特征的形成都有赖于网格和单元体的设计。生成分形镶嵌的控制网格必须具有空间的疏密变化，强调不同尺度单元体之间的对比，并且要求实现平滑的渐变过渡。除了镶嵌网格本身的变化外，分形特征的形成还有赖于单元体本身的设计。单元体的进一步细分可以强化控制网格本身已经具有的大小和疏密变化。

6.1.2　镶嵌的重叠性

镶嵌最重要的运用，就是利用镶嵌图案的可重复性，批量定制可用于空间填充的单元构件。在数学定义中，形成瓷砖拼贴的各个单元体之间是不允许重叠的。镶嵌的各个单元体必须首尾相接，单元体之间位置严格连续。因此，无论是周期性还是非周期性镶嵌，都严格要求以无缝连接的方式进行设计。在乐高系统中，空间形态的生成同样必须通过严格的单元网格无缝拼贴来实现，以达到乐高模块颗粒之间紧密结合的目的。

在三维镶嵌中，晶体单元格的界限是不允许被超出的。因为晶格必须互相连续，以达到一定的结构性。但是在数字环境中，形体之间的交错可以形成布尔交集，创造更加多样化的空间形态。常规的三维模型通过三维打印的方式，也可以忽略单元体之间的空间重叠。

单元体之间的重叠与空隙在建筑尺度中同样是可以实现，甚至是必要的。完全没有空隙的建筑实体往往无法满足通风、采光、节能等建筑环境控制的要求。仔细观察民居建筑单体的并置关系会发现，民居的各个单元之间并不是严格的无缝拼接。根据地形、地势的变化，各个建筑单元之间往往留有一定的空隙或者某种程度的交错重叠。单元间的空隙形成了建筑的庭院空间，交错重叠则形成了不同建筑之间的空间连接体。在城市空间中，更需要在各个建筑单体间留有一定的空隙，以形成必要的交通空间和缓冲空间。

如4.2.1节所述，在IFS仿射变换操作时，单元体之间的位置只遵循吸引子的操作原则，并不严格要求单元体的连续性。在IFS嵌套中用边界框架涵盖了各种建构实体的可能性，操作具有很大的灵活性。并不一定要把所有的形体都限制在这个虚拟的范围框内，任何超出范围框的部分都会成为各单体之间重叠构件的一部分。将类似的原则在镶嵌算法中进行拓展，则可以为镶嵌的设计运用提供更多的可能性。

镶嵌的连续性和重叠性在建筑的形态生成中有不同方面的运用。由于非重叠镶嵌单元的严格连续性，镶嵌手法被大量运用于建筑的表皮设计，较为著名的分形镶嵌案例有澳大利亚墨尔本联邦广场设计等。建筑表皮以密闭性来划分，可分为密闭式表皮和半密闭式表皮两种。密闭式表皮（如建筑幕墙设计和表皮肌理设计等）的幕墙单元必须遵循一定的工业化制造和安装原则，从而满足为建筑物提供具有水密性和气密性的外围护界面的要求。密闭式表皮必须由严格连续的镶嵌形成；透空式幕墙和遮阳设施等半密闭性表皮则没有水密性和气密性的要求，对于拼贴和镶嵌单元连续性的要求就可以忽略（图6.2）。

现有的不同软件平台提供了多样化的镶嵌拟合方式。例如在PanelingTools插件中，所有的个体单元只能在自身网格（6面体）范围内进行变形，较难实现个体之间的交错。而ParaCloud软件则可以利用非6面体网格进行拟合；同时，允许单元体在拟合过程中超出网格的控制范围。因此，可以产生如同鱼鳞或鸟类羽毛的覆盖效果（图6.3）。

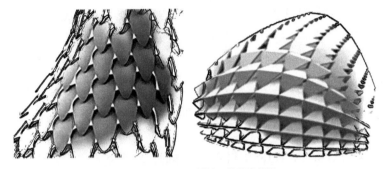

图6.2 边界互相交错的三维镶嵌单元

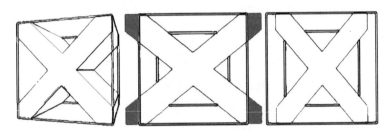

图6.3 超出控制范围的单元

各个单元是否允许突破自身的控制范围（容器的范围）会极大地影响最终形态。当允许单元突破自身的控制范围时，无论是基于何种规则，形体都会越长越大，自身的空隙会越来越小。当要求所有单元体必须严格限制于自身的控制范围时，某些规则会使得单元体的生长越来越疏松，间隙越来越大，呈现出整体不断细化，总体积却不断萎缩的态势。

6.1.3 镶嵌的不同生成机制

镶嵌是一种具有几何连续性的单元体分布方式，遵循了自我相似原则的分形镶嵌在生成机制上是多样化的。二维镶嵌不仅可以通过平面细分生成，某些镶嵌图形同样可以通过L-system来实现。如图6.4所示为彭罗斯双菱形铺砌，可以通过L-system代码生成。

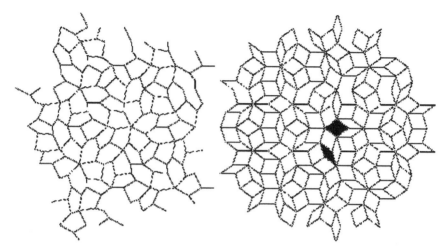

图6.4 以L-system生成的镶嵌图案

镶嵌也能够由类似于IFS的迭代嵌套机制形成。如图6.5所示，用严格的IFS层级嵌套，经过多次迭代以后，能够形成周期性的二维连续镶嵌图案。

埃舍尔平面镶嵌不仅将数学上的17种对称类型都囊括于其中，黎曼几何、分形几何等更复杂的非线性数学中的原理也得到了创造性的运用。这些规则不仅可以运用于二维平面镶嵌，更可以拓展到三维形态设计中，从而拓宽了三维建筑设计方法的应用空间（图6.6）。

6.1.4 三维空间网格镶嵌

二维镶嵌要进行建筑化的运用就必须进行三维拓展。三维镶嵌算法的基本步骤是：先在空间中形成一个目标三维点阵，单元体也同时生成自身的控制点阵；然后通过把单元体点阵中的点对应到目标点阵中，实现将原始单元体拓扑拟合到目标点阵中的目的。这种算法有两个主要的控制因素——预先设置好的单元体和目标三维点阵。

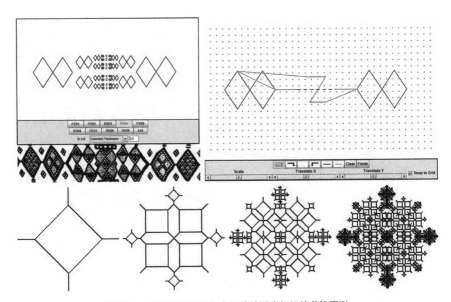

图6.5 二维迭代生成的与非洲传统图案相似的装饰图形

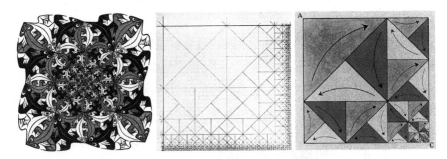

图6.6 埃舍尔的分形镶嵌及其基本图解

PanelingTools和ParaCloud Gem就是两个典型的利用上述算法实现建筑单元细化设计和表皮镶嵌的算法工具。PanelingTools是基于Grasshopper的二级插件，其主要作用是实现表皮单元的拓扑拟合。之所以被称为

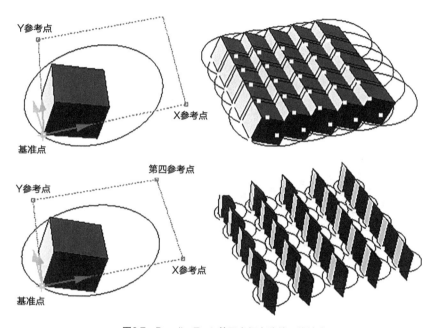

图6.7 PanelingTools基于空间点阵的三维镶嵌

PanelingTools，是因为这个软件工具的作用主要是针对已经设计完成的控制曲面进行镶嵌板片覆盖。PanelingTools利用单元体范围控制网格的8个点作为基本单元晶格参照，实现从原始物体到目标物体的拓扑变形（图6.7）。

单元体既可以是简单的单一物体，也可以是根据算法确定的具有各种变形参数规则的物件或多个物体的集合（图6.8）。

在软件中，生成目标空间点阵的方法有很多。其中，最基本的算法是利用曲面分布空间网点，从而产生可以根据设计条件进行变化的空间点阵网格。由于PanelingTools实现的是一种"挤压式"的空间变形，即使利用了完全相同的初始单元体，当目标点阵产生拓扑变换的时候，单元体也会产生相应的挤压变形（图6.9）。

图6.8 分形三维镶嵌形成的高层建筑

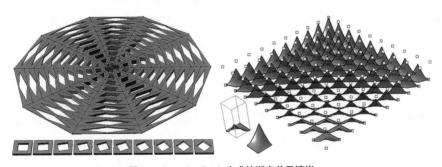

图6.9 PanelingTools生成的渐变单元镶嵌

6.1.5　泰森多边形镶嵌

泰森多边形又叫沃罗诺伊图（Voronoi Diagram），得名于数学家格奥尔基·沃罗诺伊，是一种区域划分算法。在空间中的三维点阵，取任意两点连线，连线中点的垂线形成的分隔边界为泰森多边形。泰森多边形算法被广泛运用于定性分析、统计分析、邻近分析等领域。由于泰森多边形生成的最终图形灵活多变且视觉效果强烈，也被广泛运用于建筑设计领域。

泰森多边形最终形态的形成是基于空间点阵布局的。如果平面点阵或空间点阵是完全等距分布的，泰森多边形的最终形态则趋向于等距网格。因此，规则网格是泰森多边形网格的一种特例。

由于分形的特点在于必须同时具有不同尺度的类似单元体的并置；因此，在空间中均布的点阵无法形成具有分形特征的最终形态。必须对均布的空间点阵作进一步处理，利用吸引和空间力场，使空间点阵产生具有分形特征的变化；或者利用多层次的边界操作（例如泰森多边形群组等）形成迭代。

单一层次的泰森多边形并不具有明显的分形特征，需要利用更多层次、相同规则的多边形嵌套，才能够形成具有自我相似特征的分形形态。泰森多边形群组就具有类似的功能。如图6.10所示，这种算法可以分别选取多个层次的泰森多边形点阵，下一层级的泰森多边形会以上一层次的边界作为周边限定因素，形成多次迭代的泰森多边形空间网格。迭代在理论上可以无限制地进行下去，直到耗尽所有计算机资源。这种算法类似于对网格进行适应性细分，可以根据需求，对不同区域的网格进行多层次细分，一直细分到建筑分形的尺度下限为止。

除了空间点阵分布外，通过对泰森多边形边界曲线的不同控制操作，可以形成和常规多边形分隔不同的多种变异镶嵌图案，为泰森多边形的运用开拓出更多的可能性（图6.11）。

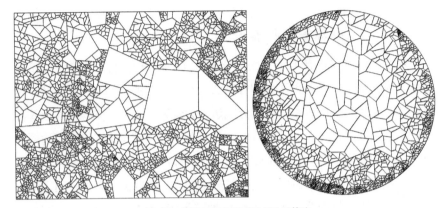

图6.10　分区域细分的泰森多边形算法

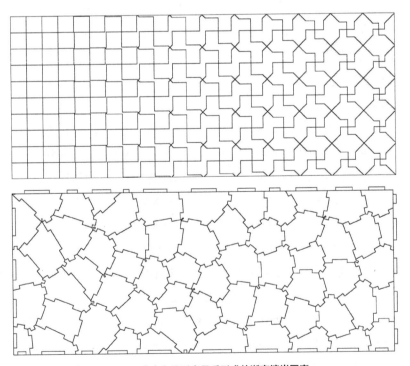

图6.11　泰森多边形变异后形成的渐变镶嵌图案

6.2 | 镶嵌
与适应性细分

6.2.1 计盒维数法与适应性细分

上文提到过，对分形属性的定量分析一般采用计盒维数法，也就是利用不断细分的网格计算分形维度。计盒维数法的目的是确定所研究对象的分维数，但无法为设计过程提供指导（图6.12）。

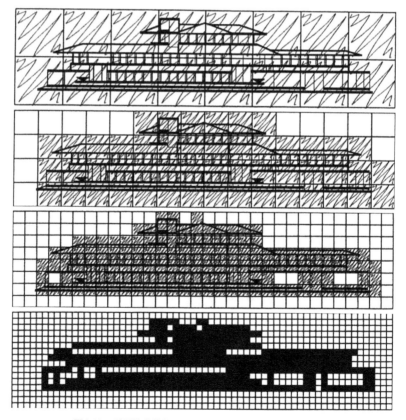

图6.12 利用计盒维数法对赖特的罗比住宅立面所作的分析

细分迭代提供了控制网格，但网格本身并不是设计的最终结果和目的。将计盒维数法的网格细分与适应性细分方式相结合，可以使之超越单纯的分析方法，从而成为一种设计工具。

在设计中，需要基于各种内、外部影响因素，选用不同的细分区域和细分规则。例如，可以根据建筑的功能需求进行网格细分，或根据建筑细节的集中程度决定格子的大小。建筑需要重点表达的部位，如建筑入口和接近人体感知范围的地方，应该具有更多的建筑细部和更小的细部尺度，因而应具有更小的网格细分。例如，在古建筑的牌楼中，许多雕刻集中在檐口和屋脊部位，这部分网格就应该作进一步的细分。不同类型空间因功能需求而产生的大空间和小空间的区分等，也可以成为细分尺度的依据（图6.13）。

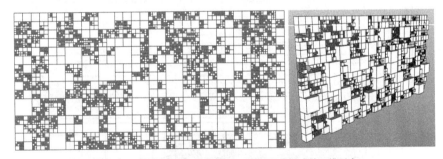

图6.13 分区域适应性细分网格与适应性细分形成的三维形态

6.2.2 常用的适应性细分算法

茱莉亚集（Julia Set）是在一个复合平面上形成的分形点的集合。由于分形点的密度不同，在空间中形成了复杂多变的分形区域，因此也具有特殊的美学意义。根据茱莉亚集的点密度，可以对平面区域进行适应性细分（图6.14）。

适用于建筑设计的常用适应性细分算法有四分树、八分树等。

图6.14 茱莉亚集的适应性细分

　　四分树是一种二维空间细分算法。其基本步骤是：将二维区域细分为独立的正方形，每个正方形容纳一定数量的空间点，所有的正方形包容所有空间点云的点集合。当单个正方形所容纳的点数量超过阈值时，正方形被迭代细分为4个相等的正方形，直至满足预设值的要求（图6.15）。

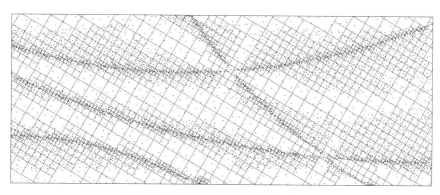

图6.15 四分树算法对空间点阵的区隔细分

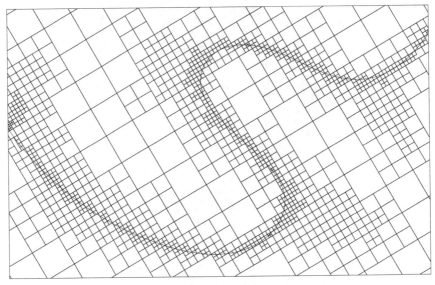

图6.16 用曲线作为控制元素进行四分树区域细分

　　四分树细分的依据是空间点的密度。点密度越大的地方，正方形网格越小。因此，通过控制点的分布可以控制网格的细分次数。在设计运用中，可以用曲线控制细分点的分布（图6.16），或者通过力场干扰控制整体点云的密度。

　　在四分树算法的基础上进行一些调整，可以创造出更多的设计可能性。例如，运用分支曲线吸引等方式，可以产生多样化的分形设计结果（图6.17）。利用四分树算法，也可以生成不同镶嵌单元的平面图案（图6.18）。

　　八分树的细分采用了和四分树类似的原理，是四分树的三维拓展算法。八分树将空间分隔为独立的立方体单元，每个单元都容纳了一定数量的空间点，单元全部合并后可以容纳所有的空间点。当单个单元中容纳的点超过阈值时，立方体单元会被迭代细分为8个更小的单元，以满足预设值的要求（图6.19）。八分树的细分原则是基于三维点云密度的；因此，

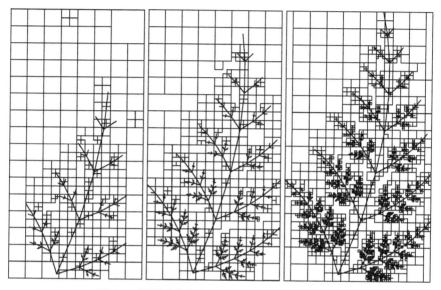

图6.17 利用分支曲线对平面区域进行四分树适应性细分

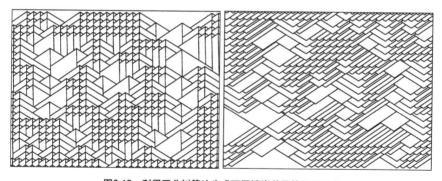

图6.18 利用四分树算法生成不同镶嵌单元的平面图案

可以作为空间点密度的分析工具。点密度越高，细分单元越小。超过一定大小的方块（过大或者过小）可以被自动忽略，形成实体与虚空间的结合。

利用八分树算法，结合不同单元体设计的嵌入，可以形成多种具有空间密度区分的三维形态（图6.20）。

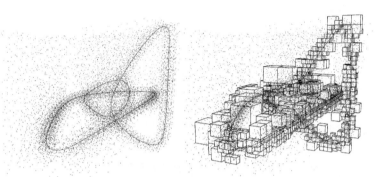

图6.19 八分树形成的三维空间细分形态

图6.20 利用八分树算法进行空间密度分析

6.2.3 表面细分与单元嵌入：两种不同的分形建模方式

本章6.1.1节提到，生成型分形是由非连续的单元体构成的，无法保证单元体之间严密拼合、无缝连接，用这种方式生成的最终个体，不一定都能用三维打印的方式进行建造。用连续的网格面进行拓扑替代的方式则可以避免上述缺点。网格拓扑方式的分形建模与生成建模方式的最大区别在于，在迭代替代的过程中，替代算法只影响被选择的面，不影响其他的区域，从而保证了所有面的边界连续性。

TopMod软件所运用的分形算法采用对总体形态分区域迭代细节添加的方式。软件在已经生成的连续网格面上，通过特定的筛选分组方式（例如以颜色进行分组），选取网格的某些面进行特定的拉伸（extrude），进而生成更多的面。拉伸的方式有4面体、8面体、16面体等多种方式。再用相同的分组规则，选取拉伸后得到的新细化面，进行同样规则下一层级的拉伸，进而产生更多的细化面，最终生成分形迭代的效果。TopMod迭代是在表面层级上的迭代，所采用的主要算法是对面进行颜色分组，并以颜色为依据进行面的选取和下一步细化（图6.21）。

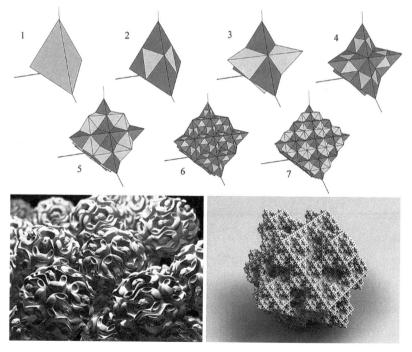

图6.21 TopMod对表面的分形细分

和TopMod所采用的方式不同，ParaCloud Gem软件是对网格面细分后，采用单元体镶嵌的方式得到的。ParaCloud Gem增加细节的方式是利用原始的网格面形成控制框架，将设计好的单元体镶嵌入控制框架中。而TopMod是在连续网格面的基础上直接进行细分和拉伸得到的，不需要另外的单元体设计。

两个软件都是基于网格面的细分技术，但各有优劣，在设计的灵活性与可控性方面的表现也不同。TopMod算法具有较大的局限性，形态生成不仅受限于原始的网格面，其细节添加方式更受限于拉伸和挤压成型。而ParaCloud Gem则具有网格和单元体的双重可控性，因此产生了更大的设计灵活性。

从设计运用的角度，在一个单一网格上进行分面细化，会给后续的设计深化工作带来调整上的难度。这种设计过程基本上是不可逆的，因为细分后的网格本身是一个不可修改的整体，无法根据设计上的调整进行初始网格的变更，是一种单向的设计过程。而采用单元体拟合方式进行设计细化的算法则具有更大的设计灵活性。类似于ParaCloud Gem软件的晶格镶嵌方式，可以更为灵活有效地控制单元体的形态，而且设计过程可以实时调整，为可能反复进行的设计推敲提供了更大的灵活性和可控性（图6.22）。

虽然ParaCloud Gem软件已经停止开发，但其在表面优化算法上与PanelingTools各有优势。PanelingTools是基于具有更大灵活性的参数化平台Grasshopper的，因此具有更大的可调控性。而ParaCloud Gem的最大优势则是允许主体晶格控制点的数量与单元体边界控制点的数量不一致（一般边界控制点都是8个），从而带来更多单元体变形的可能性。这一点在PanelingTools软件中实现起来仍然具有一定的难度。此外，ParaCloud Gem更可以采用逐级细分的方式，对所选定的表面网格进行下一步细分，从而产生具有分形特征的网格。

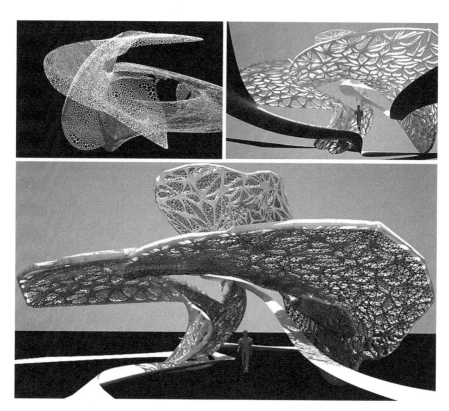

图6.22 ParaCloud Gem生成的建筑表皮

6.3 │ 分形镶嵌
运用案例

下文通过两个原创概念方案，进一步阐述分形镶嵌系统在设计过程中的运用。

6.3.1 分形镶嵌与建筑表皮：长沙建发大厦

长沙建发大厦项目的外表皮系统利用三维镶嵌形成，设计遵循了自我相似的原则。在看似复杂的表象下暗含着简单、理性的数学操作过程

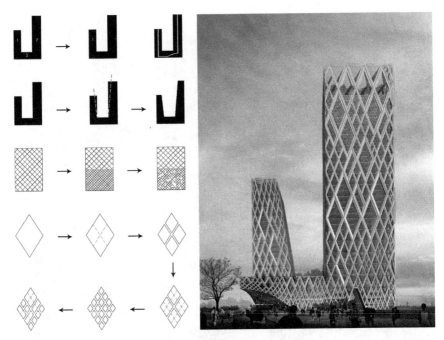

图6.23　长沙建发大厦的分形表皮

（图6.23）：操作的起点是一个由正方形变化而来的等边菱形，连接其各边中点，形成4个相似的等比菱形；继续连接小菱形的各边中点，形成下一层次、更小尺度的相似形，以此类推。这些相似形组合在一起，形成一个完全相等的菱形网格，可以作为下一步分形操作的基础形态。由不同数量（2个、4个、6个）的菱形结合，形成第三个层次的相似形。这些相似形虽然尺度不同，但都严格遵循成倍数等边菱形的几何规律。

　　整体外筒结构框架就这样采用菱形切割的方式，从高达数层的上部菱形结构框架开始，逐步细分到地面近人尺度的入口空间。从结构框架到装饰构件都严格遵循了自我相似的原则，形成了具有视觉引导性且整体统一的独特形象。

6.3.2　分形镶嵌与结构：2012年伦敦奥运会主场馆概念设计

本例以简单的三角形切割变形为起点，运用自我相似的原理，将相似三角形进行多次旋转和缩放变换；并根据功能需求、结构强度、视觉密度等制约因素，进行分形结构的自适应调整，形成了类似分支状镶嵌的结构体系（图6.24）。

这种视觉上看似极其复杂的形态，可以从明确的几何变形操作中得到。从正方形的角点连接对边中点，形成一个两直角边边长为1∶2的直角三角形；再连接这个直角三角形直角长边和斜边的中点，可以形成一个与原始三角形比例为1∶2的相似三角形（图6.25）。以此类推，持续将这个二维图形进行自我分解，形成一系列自我相似的三角形。这些三角形通过不同方式的旋转、缩放、平移等操作，最终形成一种类似于树杈分支状、可重复拼贴的单元。这些单元构成了下一步操作的基础。

将上述操作得到的直角三角形和直角梯形进行不同角度的旋转，互相拼接，可以得到不同类型的新组合（图6.26）。因为基本元素都是比例为1∶2的直角三角形，所以最终得到的单元体仍然具有二维周期性镶嵌的基本特征。

在上述步骤中得到的单元体只是一个二维控制性线框。这个分形图案在不同的外部需求驱动下产生了各种适应性变化：下部密度更高，以承受更大的结构荷载，各种功能需求（入口人流集散、景观、设备管线等）的介入，使得原本匀质的分形图案发生了第二层次的疏密程度变化。因为这些变化都是在上述严格的几何变形操作原则下进行的，遵循了美学中多样统一的原则；所以整个分形系统浑然一体，却又富于微妙的变化（图6.27）。

整个主场馆的外围护结构都是由三角形组合单元体不断重复构成的。由于严格遵循自我相似的原则，建筑从整体到局部都由高度自我相似的构

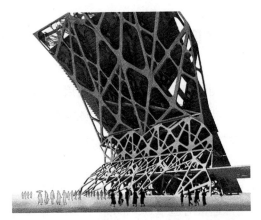

图6.24　伦敦奥运会主场馆总体呈现的分形镶嵌结构体系

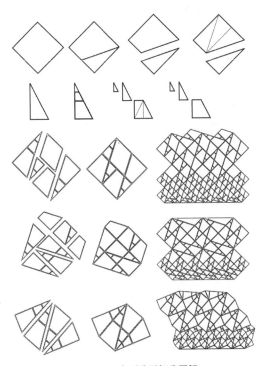

图6.25　三角形分形切分图解

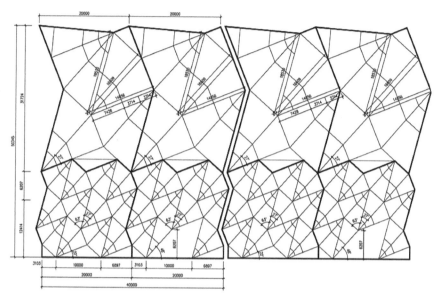

图6.26 三角形组合单元体

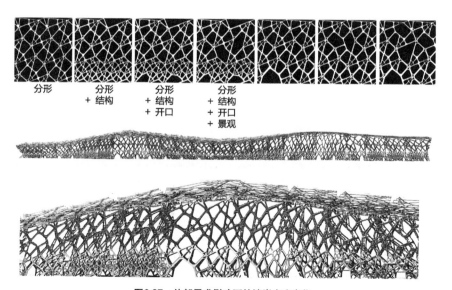

分形　分形　分形　分形
　　　　＋　　　＋　　　＋
　　　结构　结构　结构
　　　　　　　＋　　　＋
　　　　　　开口　开口
　　　　　　　　　　＋
　　　　　　　　　景观

图6.27 外部需求影响下的镶嵌密度变化

件组成，每一部分都可以由预制构件装配搭建而成，由此简化了设计和施工的难度。虽然其最终形象类似于北京2008年奥运会主场馆鸟巢，但其内部生成原理却完全不同。鸟巢的基本规则是编织，由主结构加上互相交织的次结构，共同组成整体结构构架。由于运用了有规律的多层叠加，形成了视觉上看似无序的交错图案（图6.28）。

　　为减少赛后的运营成本，在赛后阶段需要把容量为8万人的场馆，缩减为容量2万人的场馆。由于设计的出发点就是构建可重复搭建的基本单元体，这为赛后的改造模式创造了可能性。在赛后模式中，60%的单元体被平放在场地中，形成各种景观元素。建筑构件成为场地的一部分，形成生态奥运遗址公园（图6.29）。

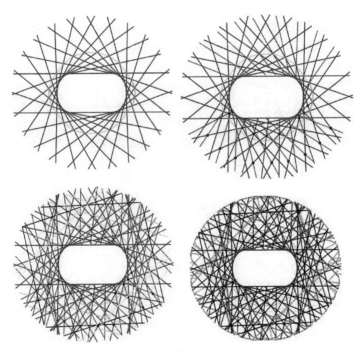

图6.28　鸟巢的多重网格叠加

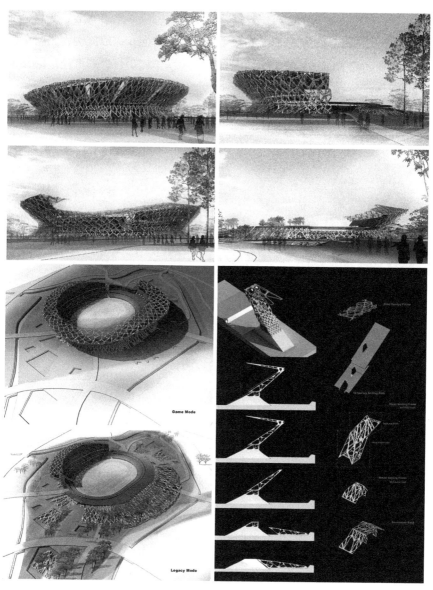

图6.29　主场馆的赛前模式和赛后模式

　　在场馆内部，由于所有单元体都是基于相同的原则生成的，故具有强烈的统一感。不同的细分单元具有不同的旋转方向和缩放比例，因此在统一中又有局部的变化。建筑构件本身就产生了结构美，分形框架在阳光下的倒影与建筑构件交相辉映，形成了丰富的空间效果（图6.30）。

图6.30　场馆内部的单元体结构

7

粒子系统、空间点云
与建筑设计

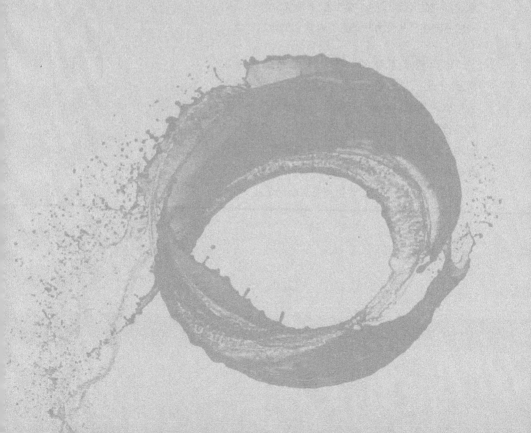

力和力场作为粒子系统运动和动态的驱动，
是运动复杂性的主要成因。本章从粒子系统生成
分形现象的原因出发，阐述了粒子系统的力场类
型、粒子的受力状态及其运动特征；分析了粒子
系统形成的动态过程；提出粒子系统分形特征的
形成原因在于其受力状态具有自我相似性的观点。

　　作为粒子系统的补充，本章简要介绍了
Chaoscope、Mandelbulb 3D等数学公式计算类
分形软件的特点。基于公式算法的分形软件得到
的结果是空间中离散的点云。在现阶段的设计操
作中，建筑师很难直接对这些三维形态进行建筑
化的利用。但其丰富的生成结果和与数学的联系
性，却可以为分形类设计带来有益的启发。

7.1 | 粒子系统 与分形运动

7.1.1 粒子系统的设计控制因素

粒子系统是由大量受同一规则控制的运动粒子形成的集群。粒子系统由空间中数量众多的点构成，粒子与粒子之间具有统一的不可见联系。

德勒兹认为，和砂砾聚集成团的机制不同，褶子是平滑连续的，而不是断裂的，褶子之间的关系如同纸张一样具有连续性；而砂砾则是由独立的点构成的，仅具有聚合的关系，点与点之间不具有连续性。在粒子系统中，粒子之间的运动和变化是连续的，由一种类似于连续纸面的折叠机制所控制，而非由砂砾聚集而成的团状物。

许多成熟的商业三维软件都可以生成粒子系统，如3ds Max、Maya、RealFlow等。电影级的三维软件已经完全能够模拟自然界中的各种粒子运动现象，达到以假乱真的地步。以数学公式为基础的Chaoscope等软件，最终生成的三维点云也可以被视为一种粒子系统，不过这种粒子系统受到单一的数学规则控制，缺少对外部条件的设计控制能力。

粒子系统的特性受到两方面因素的控制。其一是外部影响因素，即外部力场和外部边界条件等；其二是粒子彼此间的相互作用，也就是粒子系统的内力。内力是粒子系统的特有属性，例如液体粒子和气体粒子之间的张力、拉力、凝聚力等。即使在完全相同的外部影响因素作用下，气体和液体粒子所产生的运动状态也不会一样。粒子系统形成的最终形态，因内、外部力场作用的不同叠加而千变万化（图7.1）。

粒子系统在分形生形中的控制可以归结为三个主要因素：一是基本单元体（粒子），二是单元体基本的分布规则（内力），三是影响整体组合规则的力场（外力）。这三种因素互为影响、缺一不可。改变任意一种影响因素，最终的形态都会完全不同。

图7.1 粒子系统模拟的烟雾

初始粒子系统犹如一个参数完全设置为零的数学公式，当设计师输入因设计需要而产生的设计参数时，粒子系统才能够根据其内部机制进行运动，进而产生相应的设计原型。因此，设计过程更重要的是调整并且设置各种数字化参数，使实验的过程和结果更趋近于设计师所期望的视觉形象和空间效果。粒子系统的设计过程不仅是一种基于物理实验现象的模拟，更重要的是对数字实验条件的设置，实际上也就是对参数进行控制的设计过程。

设计粒子参数的过程就是重新构筑设计图解的过程。例如，在清水中滴入蓝墨水，观察蓝墨水在水中的扩散现象。在这个实验的过程中，实验物体是水和蓝墨水两种液体。蓝墨水注入水中的控制条件包括墨水注入的角度、深度、速度等条件变量，同时水的密度、水温、初始速度都有可能影响蓝墨水在其中运动的形态。物理现象形成的机制是非常复杂的，无法完全用算法进行模拟。因此，在粒子系统的设计过程中，如果用两种粒子流真实地模拟两种液体之间的碰撞和交互过程，有可能很难得到和物理实验类似的分形现象。物理现象和数字现象的发生条件往往无法做到一一对应。

分形规则系统虽然是以自然界中的分形现象作为研究的出发点，但是和单纯的仿生学不同，并不强调与现实世界生成机制的一致性。对设计师来说，更重要的是从建筑设计的角度，提取适合建筑设计使用的抽象数字图解，作为设计雏形。在图7.2案例所进行的实验模拟中，就只用了单一粒子流，利用不同类型力场的作用以及力场的时间叠加效应，人为控制粒子最终的运动状态。

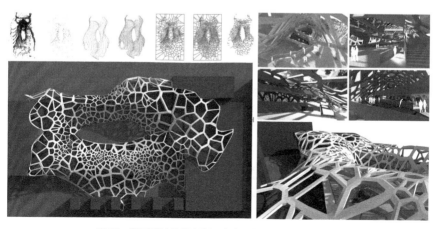

图7.2　粒子系统模拟液体运动以及分形单元的建构研究

7.1.2 粒子与力场

粒子系统的形态是由运动决定的，对粒子系统的总体形态影响最大的是外部力场（图7.3）。

外部力场的主要控制要素有：外部力场类型、力场作用方式、作用时间、外部边界条件等。力的作用具有时间叠加效应。粒子在一个力场的作用下运动一段时间，当原有力场撤除并增加新的力场时，粒子会在原有力场已经造成的动态基础上进行新的运动，形成更多层次的复杂性（图7.4）。

力场的自我相似性是最终形态具有自我相似性的成因。如图7.5所示，粒子运动受多个类似的涡旋力场控制，涡旋力场中又有下一层次的涡旋力场，对运动中的粒子作进一步的驱动。粒子之间的相互作用与外部力场共同影响粒子的运动状态，最终形成了具有自我相似特征的粒子运动群。

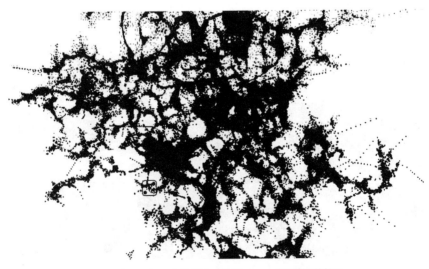

图7.3 在RealFlow中使用Sheeter Daemon力场创建的粒子

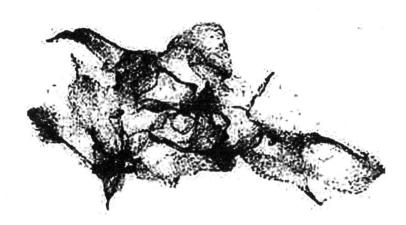

图7.4 分形的运动力场对粒子系统形态的影响

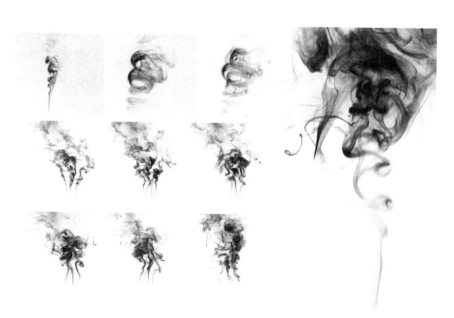

图7.5 自我相似力场对粒子系统的影响形成的分形状态

粒子系统中单元体之间的相互碰撞及其所产生的局部相互关系是类似的，共同影响着集群的整体状态；同时又受到整体原则的控制，进而形成了自我相似的特征。粒子之间的相互作用既取决于其内力，又遵循预先设定的整体原则。如同社会中的个体，虽然具有差异化的行为特征，其行为取向取决于个人的自我认知，但群体的行为特征仍然受控于整个社会的属性。这种特性符合分形中关于子整体的特性，也就是个体的聚集形成整体，个体的行为会影响整体，亦受整体规则的控制。

自然界中的物体受到风、阳光、重力、水等各种环境因素的影响，而产生相应的变异。在设计中对分形原则的运用，必须理解相似形体变化背后的各种影响因素。

建筑是各种社会因素共同作用的产物，必然受到各种社会因素的影响。影响建筑设计的有可能是功能需求、场地条件、气候条件等因素。如果将建筑所受的外部和内部影响理解为力场的作用，那么其影响因素也必然是复杂多样的，如社会领域的政治、经济、技术等，以及自然界的太阳、风、光照，地质变化等。正因为如此，即使运用最简单的分形法则或完全一样的基本单元来设计建筑，其最终结果也有着令人不可思议的多样性。

7.1.3 粒子系统的单体

粒子可以被视为一种抽象的单元体。单个粒子可以是数学上抽象的、不占用实体空间的点，也可以是一个具象的物体。我们可以根据需要，为粒子赋予任何或具象或抽象的含义。一个粒子甚至可以是另一个单独运动的粒子系统，从而在粒子系统中再嵌套多个层次的粒子系统。

由于粒子流的最终形态是由空间中无数个离散的粒子构成的，要生成可建造的建筑实体，必须形成连续的面或相互关联的构件体系。当粒子系统的各个单元体之间紧密地联系在一起，相互重叠或并置时，单元体就能够完整覆盖建筑形态。因此，粒子系统也具有表皮的特性。粒子流的形态可以成为自下而上的生长形态，也可以作为自上而下的镶嵌网格。

当前的主流粒子软件主要采用以下几种方式，进行粒子可见形态的建构，实现从抽象的点到网格实体之间的连接。

（1）将空间中的每一个粒子计算为变形球（metaball）实体，由于变形球之间的相互融合作用，形成了连续的最终形态。由变形球实体形成的连续体具有平滑的表面，因此适于用来模拟流动的液体形态（图7.6）。

（2）利用自定义物体作为单元体，替换粒子流中每一个粒子的点，数量众多的单元体的集合形成最终的设计形态。如图7.7所示，每个粒子由一条运动的鱼形物体代替，粒子系统就表现为类似自然界中鱼群涌现的现象。

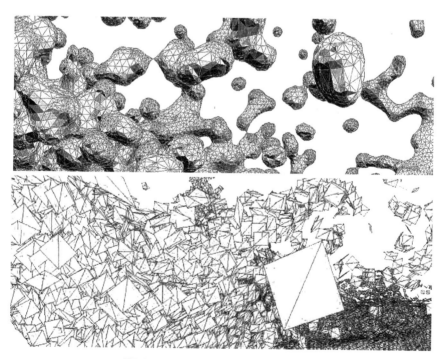

图7.6　RealFlow中对粒子实体化的不同处理

图7.7 实体化粒子与群体运动

（3）将每一个粒子作为三角网格面的顶点，把所有离散的点用三角形网格面全部联系在一起。利用粒子的点作为空间中控制晶格的点，形成网格面；进行优化后，作为镶嵌网格可以利用的控制点，进行镶嵌类型的操作。粒子流的空间点阵成为镶嵌控制形态的构架。

无论是变形球，还是自定义的单元体，粒子的运动特性都可以成为控制单元体大小和方向的关键属性。粒子的运动方向、运动速度、粒子相互间吸引力的大小等，可以作为控制单元体方向、间距和尺度的依据（图7.8）。

例如，粒子的运动方向可以成为单元体的控制轴向，运动速度可以作为控制轴向上拉伸的比例参数，粒子之间相互作用力的大小可以成为单元体之间拓扑变形的控制参数等。将粒子本身的运动属性（矢量、方向、速度、外力、内力）作为单元体在空间中仿射变换的相应控制参数（图7.9）。

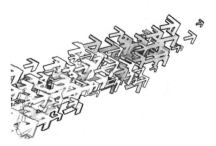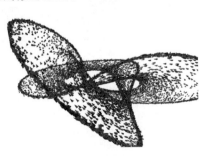

图7.8 粒子运动的方向性　　　　　　**图7.9 粒子运动的向量控制**

7.1.4 从无序的空间点云到有组织的空间组件

分形的粒子流最美丽的瞬间，往往是在其运动的过程中。在粒子系统运动过程中的任何一个瞬间冻结粒子，能够得到一系列固化的粒子群形态（图7.10）。

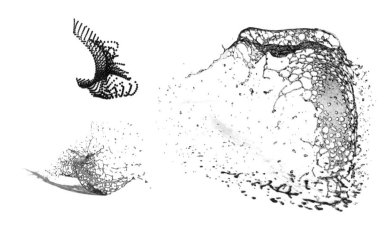

图7.10 RealFlow模拟液体的运动瞬间

固化的粒子形态是静态的，但具有和运动的粒子一致的动态感，具有类似的分形维度。冻结的粒子群具有空间围合的潜力，与外部物体的互动能够形成动态的空间感（图7.11）。粒子流的瞬时性、历时性、动感，以及粒子流局部和整体之间内部规则的统一性，都构成了粒子系统的分形属性。

要对粒子系统的形态进行建筑化运用，必须在某个运动的瞬间对粒子系统进行冻结，冻结瞬间的形态是粒子集群在那个运动瞬间的三维形态表达。实际上，设计师可以选择在任何一个瞬间冻结粒子系统。所有被冻结的瞬间形态就形成了同一体系下相似的形态集合。粒子系统固化后形成的粒子云、三维扫描的点云以及数学公式软件模拟所得到的计算结果，都是离散的空间点云。这些粒子以空间中具有疏密变化的点阵形式存在，而这些离散的点云必须以某一种算法进行规整和集合，才有可能作为下一步设计操作的原型（图7.12）。

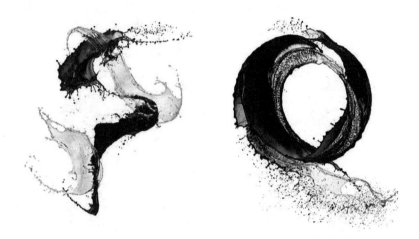

图7.11　冻结的粒子系统与外部物体的互动形成的空间感

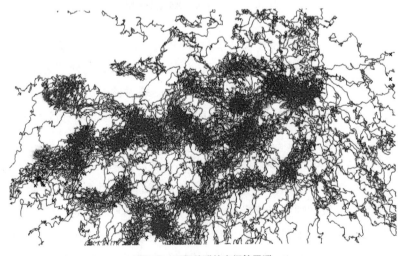

图7.12　互相关联的空间粒子群

目前已经有多种成熟的空间粒子算法，如三角面连接、四分树连接、八分树连接等，可以将粒子云整合为具有整体结构的更高层次的物体——网格。

对常规点云的处理主要按照以下步骤进行：软件模拟或三维扫描，得到点云，将点云进行空间连接得到网格物体，对网格物体进行优化，重新构建NURBS表面，得到满足建筑设计需求的原型；再根据设计的需求，对原型作进一步梳理，进行表面优化、细化、表皮分片等。这种方法可以相对有效地直接从模拟结果中得到建筑雏形，进而得到符合建筑设计需求的结果，得出与模拟形态较为接近的建筑形态。

但是这种方式在处理的过程中丧失了粒子系统最重要的属性，即粒子间的相互关系和运动状态。粒子已经不再是具有运动参数特性的个体，而只是一种为了形成固化的物体形态而存在的空间密度点。因此，需要寻找其他能够同时保持运动参数、特性和形态结果的方式，以实现粒子系统的实体化和三维化。图7.13为运用粒子系统生成的汽车展台装置，结合粒子轨迹和粒子表面两种方式，与汽车展示功能巧妙结合，形成了具有强烈视觉动感的静止形态。

如图7.14所示，可以提取部分粒子的运动轨迹，形成串联粒子运动状态的曲线，以曲线作为下一步细化的基础。在3ds Max和Maya中有插件，可以将粒子的运动状态直接提取为运动的数据流，并且导入Grasshopper中（图7.15）。通过这种方式，粒子的运动方向、矢量、速度、相互关系等信息得到动态保存。空间形态反映粒子的运动状态，而不仅仅是粒子运动过程某一时刻的固化形态。

另外一种处理粒子单体的方法，是将单元体以层级型衍生的方式进行关联生长。如图7.16所示，长尾夹之间利用相同规则不断堆积，形成第一个层级的液体粒子单元；再利用相同的规则进行分布扩散，形成第二个层次的液体粒子单元。最小的单元和最大的空间围合之间的联系虽然完全是

图7.13 运用粒子系统生成汽车展台装置

图7.14 运动粒子的方向性矢量和运动轨迹

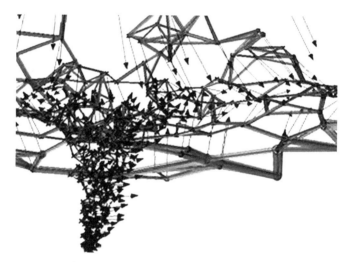

图7.15 从运动粒子中提取信息形成的关联性整体

由相同大小的长尾夹构成，但是从一定距离范围以外看，已经具有了不同大小孔洞之间的并置，也就是具有了分形的尺度特征。通过图底之间的转换，我们将这些孔洞视为可利用的空间，将围合孔洞的长尾夹作为空间之间的分隔。在这个案例中，空间和空间句法具有分形特性，围合空间的单元体也具有分形特征。

在利用长尾夹作为单元体进行粒子流状态重构的过程中，长尾夹作为单个粒子的具象化表现，利用长尾夹之间的连接特性，形成了从局部到整

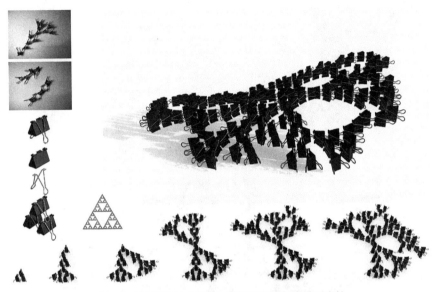

图7.16　利用长尾夹作为单元体重新构筑粒子的分形生长

体统一的变化，比用变形球直接进行粒子模拟的方式更能反映液体粒子之间的分形属性，也更清晰地体现了建筑构件之间的构造特征。虽然最终的设计形态可能和模拟出来的形态并不完全一致，却体现出设计过程中更高层次的抽象。这是规则的重现，而不仅仅是固化形态的呈现。

7.2 ｜ 空间点云与分形公式计算类系统

点云是在空间坐标系中表达三维目标空间分布和表面特性的大量点的集合。在逆向工程中，三维扫描物体表面得到的点云具有三维空间坐标和颜色信息等数据。专业的扫描点云处理软件Geomagic Studio等可以对三维扫描的点云进行自动优化，得到最接近于原始物体形态的网格物体。因为点云信息主要由离散点的三维空间坐标组成，数据占用量较小，计算速度快，所以也是用数学公式生成三维形体的主要表达方式。

虽然从最终的点云渲染中能够体验到三维空间，但在现阶段的设计操作中，建筑师仍很难对这些三维形态进行建筑化的利用，即无法直接对点云数据进行操作，需要利用不同的算法，将离散的点转化为连续的空间线、三维表面或者实体信息。

除采用前面几章所阐述的图解法和算法产生分形形态外，还有大量的分形图形生成软件是基于分形数学公式的。虽然这类软件不是本书讨论的重点，但数学公式类生成方式产生的是真正意义上的无限分形，比本书所探讨的建筑生形类分形更为丰富，可以作为建筑生形的辅助工具和构思参考。作为对常规分形系统的补充，本章将对几个运用较广的公式类生成软件作简要介绍。

7.2.1　Ultra Fractal

Ultra Fractal软件是一种主要用于生成二维分形图形的工具，可以直接利用常规的分形公式，例如芒德布罗集、茱莉亚集、IFS及其相应的公式变体等，生成典型的分形图形。也可以自己编写分形公式，并且动态调整参数，进行图形生成。Ultra Fractal提供了强大的分形色彩编辑和无限实时缩放的功能，可以生成色彩绚丽的二维分形图案和分形动画。但由于Ultra Fractal只能生成二维图形，因此对三维建筑设计的作用不大，仅可运用于建筑装饰及二维图案设计（图7.17）。

7.2.2　Chaoscope

Chaoscope是一个三维奇异吸引子的生成和渲染软件。软件内置了13类吸引子公式，包括IFS、茱莉亚集、洛伦兹曲线（Lorenz curve）等数学上的典型分形类型。Chaoscope允许使用者对吸引子公式的主要参数进行

图7.17　Ultra Fractal生成的分形图案

调整，并且实时显示三维点云的渲染结果。软件提供了方便的交互界面，为典型奇异吸引子形态的形象化展现提供了强大的工具（图7.18）。

Chaoscope中的可控参数主要是吸引子公式中的参数，缺少可调控的环境变量，因此无法对总体形态作进一步操作。需要将其形体输出至其他三维软件中，作进一步加工（图7.19）。Chaoscope的三维形体由点云构成，但软件本身没有提供相应的数据导出接口，需借助其他工具（MATLAB、Geomagic等），才能将其点云输出至Rhino等主流三维设计软件中。

7.2.3　Mandelbulb 3D

最初的芒德布罗集是平面二维分形图形，是最为经典的数学分形图形之一，由芒德布罗在20世纪70年代确定其定义公式并广为流传（图7.20）。

图7.18　Chaoscope利用分形公式生成分形形态

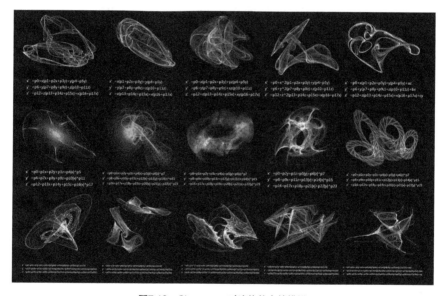

图7.19　Chaoscope对液体状态的模拟

　　2009年，数学家丹尼尔·怀特（Daniel White）和保罗·尼兰德（Paul Nylander）利用球坐标系，将芒德布罗集由二维映射到三维空间，创造了三维空间中的芒德布罗集。无论是二维还是三维的芒德布罗集，都由简单的公式$Z=Z^2+C$得出，体现了分形和混沌的无限复杂性。三维芒德布罗集的发现为三维分形的形象化研究打开了一扇大门。利用Mandelbulb

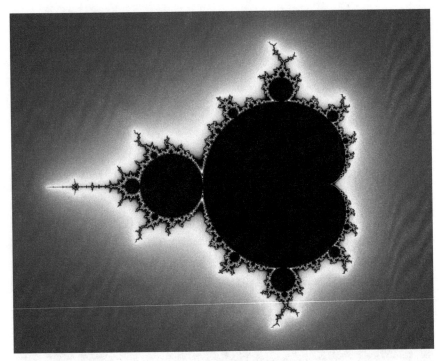

图7.20 经典的二维芒德布罗集

3D软件，使用者能创建三维空间中的无限分形环绕动画和分形漫游（图7.21）。

  Mandelbulb 3D软件不仅能够产生芒德布罗集的三维映射，还能够将其他分形公式和仿射变换与芒德布罗集公式进行混合叠加，创造出一系列全新的混合型三维分形空间集（图7.22）。Mandelbulb 3D产生的三维形体可以被导出至ZBrush等软件中作进一步处理并三维打印。

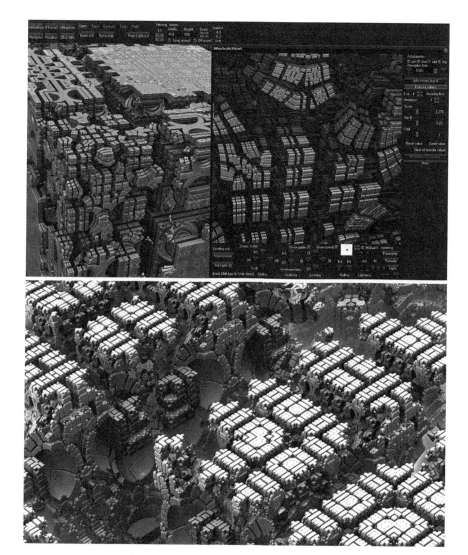

图7.21　Mandelbulb 3D生成的三维芒德布罗集

图7.22　三维芒德布罗集生成的分形空间结构

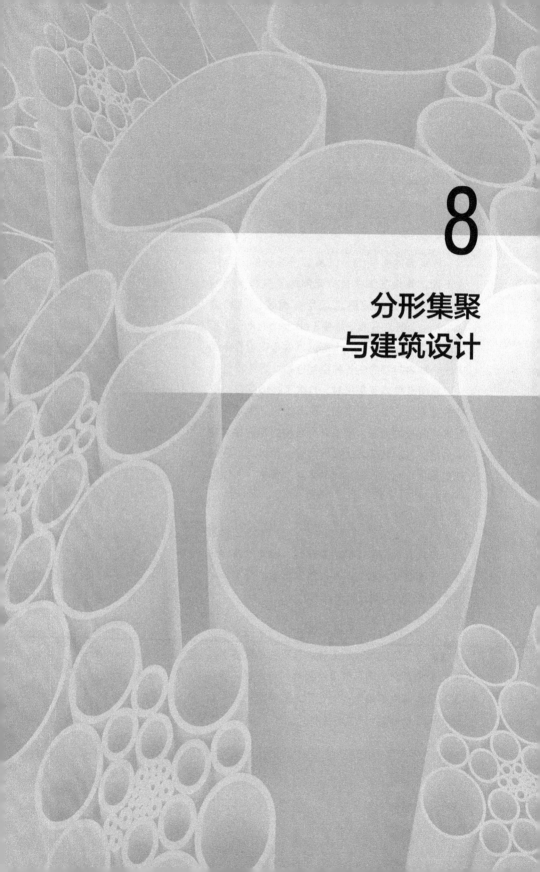

8

分形集聚
与建筑设计

与镶嵌的空间细分以及粒子系统的力场效应不同，集聚强调的是单元体的集聚和空间的占用。相对比较成熟且运用范围较广的堆叠（packing）算法有圆形堆叠（circle packing）和方形堆叠（bin packing）等。堆叠是在边界范围内的一种内向型的生长和空间压缩。因为堆叠算法要求所有单体互相接触，且除了物体间自然形成的空隙外，无多余空间，符合物理学中物体相互堆积叠放的原理，所以具有结构的稳定性和空间的经济性。堆叠算法在城市设计中具有广泛的现实意义。利用不同单体的多层次集聚，可以形成分形集聚。

DLA算法虽然也可以生成典型的分支状系统，但具有典型的空间占用属性，因此本章将堆叠、元胞自动机和DLA归入集聚类型，分别阐述其生成原理的异同及运用。

乐高系统的单元体统一性和搭建逻辑对建筑的抽象分形集聚具有启发性。有限的单元体类型和数量却能产生无限种最终组合的可能性。通过控制单元体的数量来控制造价，能够解决大批量定制和工业化生产之间的矛盾。

8.1 | 集聚 与空间堆叠

集聚是一定数量的单元体以某种规则聚集在一起的分形系统。与粒子系统受明确的外部力场控制不同，控制集聚的规则不是某种特定的力，而是空间填充法则或者令单元体紧密依靠的规则。粒子系统和集聚系统的最终形态都由数量众多的单元体构成，但粒子系统强调的是运动感，而集聚系统强调的是空间聚合感。

空间堆叠指的是依据一定的规则，在有限的空间范围内尽可能多地放置限定大小和形状的单元体，例如盒状物体、圆柱体等，以避免空间浪费。由于空间堆叠可以最大限度地利用现有空间，因此被大量运用于空间管理、储存空间优化以及集装箱运输空间优化等领域。

8.1.1 堆叠与分形

堆叠具有不同的类型，一类是规则几何体的堆叠，例如圆球、圆柱、方形物体等；另一类是非规则几何体的堆叠，例如石块，沙粒等。赫尔佐格和德梅隆设计的多明纳斯葡萄酒厂（Dominus Winery）外墙的钢丝笼、石块就是一种非规则几何体的堆积。在钢丝笼限定的体积范围内，不规则形状的石块相互堆叠，进行空间填充，没有被石块填充的地方成为光线的通路，形成有趣的光影（图8.1）。图8.2则是在泰森多边形算法形成的空间框架中填充入球体，形成了由球体堆叠与三维镶嵌结合而成的复合体系。

堆叠是一种空间堆积型的分形。多个单元体以空间占用率最小化的原则进行堆积，并且根据空间外部界限，对填充单元体的位置进行优化调整，以便在空间中尽可能多地容纳填充单元体（图8.3）。

堆叠是在边界范围限定下的一种内向型生长和空间压缩。由于堆叠算法要求所有单体互相接触，且除了物体间自然形成的空隙外，无多余空间，符合物理学中物体相互堆积叠放的原理，具有结构稳定性和空间经济性，其在城市设计中具有广泛的现实意义。在城市中，建筑物的形体往往被限定于规划地界中，有着相对受限的空间发展区域。而生长型的建筑设计往往极易突破边界红线的限制。堆叠算法以给定的空间界限为条件，进行空间的细分和占用，在有限范围内放置数量尽可能多的空间单元体，故与城市限定条件下的建筑设计更为契合（图8.4）。

从空间生成机制上讲，镶嵌是自上而下型的空间细分，集聚与堆叠则属于自下而上型的空间占用。集聚产生的某些形态和适应性细分镶嵌类似；例如，多次迭代后的方盒堆叠，其形态从外观上看类似于八分树空间细分镶嵌（图8.5）。

方盒堆叠与适应性细分虽然外观相似，但其生成规则却有本质的区别。镶嵌算法的单元体外边界必须连续无缝地填满整个区域，单元体之间具有严格的连续性。堆叠则不可避免地会在空间中留有缝隙，单元体并非真正地占据空间中的每个点。因此，

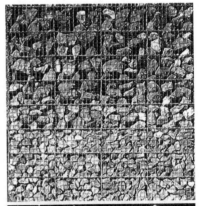

图8.1 多明纳斯葡萄酒厂的堆叠石块墙体

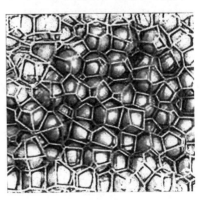

图8.2 泰森多边形与球体堆叠的结合

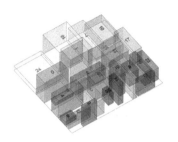
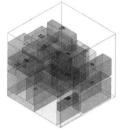
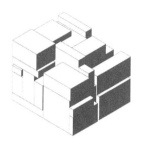

图8.3　分形的方形堆叠与三维空间管理

图8.4　基于正交网格的紧凑型三维方盒堆叠

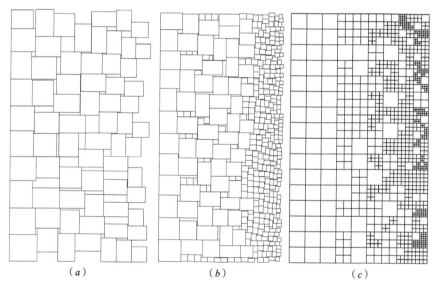

（a）　　　　　　　　（b）　　　　　　　　（c）

图8.5　多次迭代后的方盒堆叠与适应性细分的相似性
（a）一次迭代方盒堆叠；（b）多次迭代方盒堆叠；（c）适应性细分

堆叠在单元体的定义上比镶嵌更为宽泛，允许任何形态作为基本单元进行空间占用。当不以空间最大占用率为限定因素时，堆叠能够形成比镶嵌更为丰富的空间形态。如图8.6所示，方形区域的旋转形成了更为丰富的图底关系，为建筑设计中建筑实体与空间的灵活转化提供了更多可能性。

图8.6　任意形态堆叠算法形成的二维分形图形

8.1.2　圆形堆叠与分形

在几何学中，圆形堆叠指的是用相同半径或不同半径的圆形相切并且无重叠地填充限定的区域范围（图8.7）。当圆的半径相同时，6边形堆叠方式所形成的填充密度最高，填充率为0.9069。在三维空间中，同样原理可以扩展为球形堆叠（sphere packing）。圆形堆叠在数学上是折纸算法（origami）的理论基础。

　　由于圆形堆叠中所有的圆形相切且互相挤压，二维圆形堆叠和球形堆叠都具有结构稳定性，可以直接构成空间结构框架。如图8.8所示，根据二维圆形堆叠制作的单元构件互相支撑，构成多孔的空间薄壳结构。同

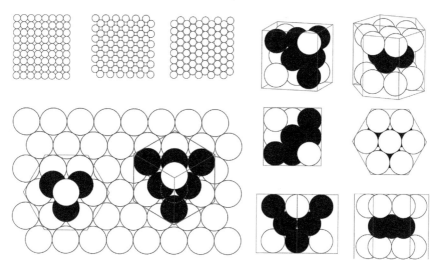

图8.7　半径等大的二维圆形堆叠和三维球形堆叠

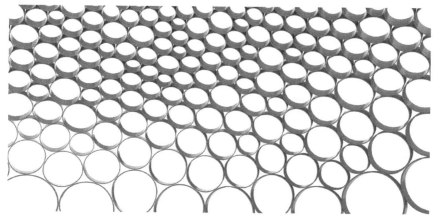

图8.8　圆形堆叠形成的空间结构

理，在图8.9的案例中，利用球形堆叠算法设计的城市雕塑，将空间中的
每个圆球由不同长度的线牵引到墙上的一个支点，圆球利用重力和相互之
间的挤压形成了一个稳定的空间曲面。

　　圆形堆叠的原则可以在不同层次上进行迭代运用，形成分形的圆形堆
叠。如图8.10所示，以圆形作为堆叠的外边界，在第一层次的圆形堆叠完成
后，以局部某些圆形作为第二次堆叠的范围输入，进行相同原则的再一次迭
代运算，直至达到预先设定的空间细分密度阈值。同样，为了形成明显的主
从关系和尺度并存关系，要避免对所有圆形区域不分重点地进行迭代细分。

　　在堆叠算法中，每一个层次的边界形状不一定必须是圆形，可以采用
不同形状的边界区域，根据不同的密度需求，进行迭代运算。通过各种
吸引方式（点吸引、场吸引等），能够控制不同距离范围的圆形填充密度
和相应半径，得到具有分形性质和不同区域特性的堆叠结果。如图8.10所
示，当吸引点位于圆心附近时，不断细分的圆形位于区域中心；反之，利
用边界作为吸引要素时，细分的圆形集于外围，与区域中心的大圆形成
尺度上的对比。除了采用场和分区域细分的方式控制圆形堆叠的密度外，
利用已有图像的灰度值直接转换为圆形半径，可以更为直观地控制圆形堆
叠的生成效果，为其在建筑表皮肌理和装饰等方面的运用提供更多可资借
鉴的操作方式（图8.11）。

图8.9　利用球形堆叠算法设计的城市雕塑

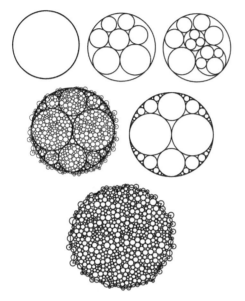

图8.10 迭代运算后的分形圆形堆叠

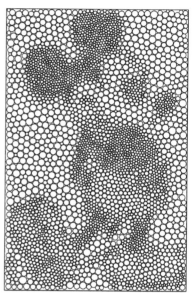

图8.11 基于灰度图形的圆形堆叠

8.1.3 堆叠的建筑运用

从二维的圆形堆叠拓展到三维的圆形堆叠有多种不同的方式。如图8.12所示，可以将圆形堆叠的二维圆形根据与吸引点的不同距离拉伸相应的高度，得出三维空间实体。

图8.13案例则是根据空间功能需求和人流组织，形成具有不同围合效果的室内空间和室外空间的圆形构架；或者将圆形堆叠图形映射到空间中的不同曲面上，形成不同拉伸高度的圆周，作为庭院空间和建筑空间的限定（图8.14）。

在上述案例中，圆形堆叠实际上是2.5维的，是二维图形在空间中拉伸或者映射不同高度后得到的结果。圆形作为显性元素，被直接运用于单元体构成之中。圆形堆叠的切线等其他控制元素也可以有许多运用的

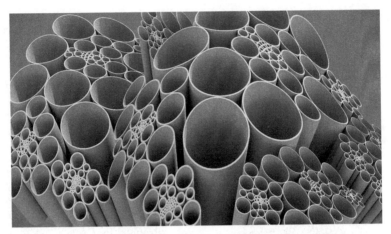

图8.12　三维化的圆形堆叠设计

图8.13　圆形堆叠与空间设计

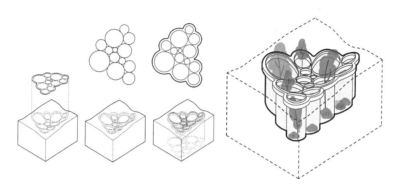

图8.14 基于圆形堆叠的庭院空间设计

可能。如图8.15所示，取不同迭代层次圆形堆叠后的所有圆外切线相互连接，可以得到分形分支树。随着迭代次数的增加，分支树的区域密度逐渐增大，产生类似于二维嵌套泰森多边形的分形图案。圆形堆叠在这个分支图案中作为隐性的控制元素而存在，最终形态从外观上已经无法辨识出圆形堆叠规则的存在，从而创造了另一个层次的复杂性。

图8.15 圆形分形堆叠形成的分支边界

8.2 │ 元胞自动机的集聚

　　元胞自动机是一种由离散的单元体根据统一的规则相互作用形成的动态系统。散布在空间中的单元粒子（元胞）依据确定的规则，通过简单的相互作用和逻辑判断决定元胞自身的状态（生长、消亡等），最终形成不同的元胞集群（图8.16）。元胞自动机没有固定的公式，其生成规则和构成方式具有很大的灵活性和复杂性。根据不同的生长状态，元胞自动机可以分为平稳型、周期型、混沌型、复杂型4种类型。

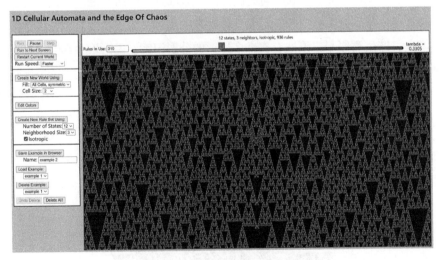

图8.16　二维元胞自动机的软件生成

　　某些元胞自动机的衍生规则和生长规律与生命系统的细胞生长类似。例如，简单的二维或三维"生存游戏"元胞自动机可以遵循如下生存定律：在空间网格中每个方格中放置一个细胞，这个细胞具有"生"和"死"两种状态；当周围的生命太少，细胞会得不到群体的帮助而死亡；而当周围的生命太多，也会因为得不到足够资源而死亡。每个细胞根据同样的规则进行逻辑判断，决定自身生死，在时间轴中形成动态集聚状态。与生命规则的相关性，使元胞自动机可以生成和自然界中的有机纹理非常类似的空间布局，例如雪花、猎豹，斑马的纹理等（图8.17）。

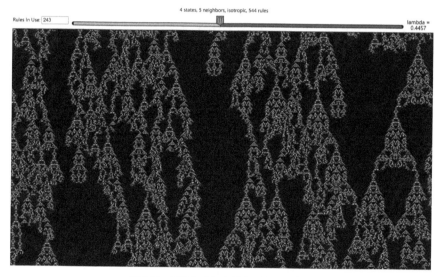

图8.17　元胞自动机生成的二维分形图案

　　元胞自动机可用于生成具有韵律感的二维或三维空间图案；在建筑领域，可用于建筑的装饰构件、表皮及形体的生成。如图8.18运用三维元胞自动机生成建筑立面及三维空间结构。

　　当用方盒状物体直接表达元胞单元时，其最终集聚形态具有强烈的规律性，符合建筑的空间利用规则；因此，元胞自动机算法已被广泛运用于建筑设计和城市设计之中。由于元胞自动机的生长特性，元胞单元体可以作为单一的居住单元进行生长叠加，并充分运用"生命游戏"对空间

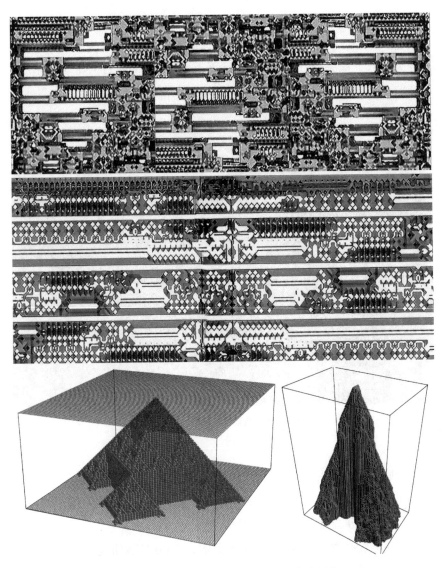

图8.18 三维元胞自动机生成的建筑立面和建筑形体

图8.19　三维元胞自动机生成的社区住宅

图8.20　黑川纪章的
中银舱体大楼

和资源的最合理化占有原则，进行社区的生长设计。图8.19所示案例是运用三维元胞自动机生成的未来住区，该住区可根据居住需求，增加或减少居住单元，形成细胞生长型的建筑综合体。黑川纪章的中银舱体大楼（图8.20）可以被认为是小规模元胞自动机生成建筑形体的早期原型。

　　在更大的尺度上，三维元胞自动机运用类似的生长原则可以生成社区与城市，实现自下而上的城市构成类型。如图8.21所示案例，根据不同社区密度的要求，元胞自动机自动计算并生成具有适宜邻里关系的社区和城市集群。

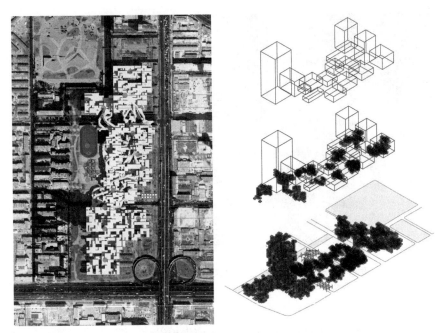

图8.21 三维元胞自动机生成的社区与城市

8.3 | DLA 与分形集聚

扩散限制集聚（Diffusion-Limited Aggregation，DLA）是一种用简单规则模拟自然界分形生长规律的算法。即在空间中放置一定数量的初始粒子，让其进行无规则运动，当两个粒子距离足够接近时，就结合形成集群（cluster）。这个过程不断进行，越来越多的粒子聚集成集群，结合在一起，形成随时间不断生长的集合体。

某些DLA形态，类似于自然界中的珊瑚、水晶、河流等，具有典型的分形生长属性。特定的DLA生长规则最终能够生成分支状形态，但其本质仍然是单元体的不断堆叠与生长。因此，本研究将其归类于分形集聚，而非单纯的分支系统（图8.22）。

和元胞自动机不同，DLA是一种加法型（additive）的生长，而元胞自动机则更倾向于减法型（subtractive）的空间形成。

利用DLA规则进行建筑设计，首先需要设定粒子生长堆叠的外部限制因素，例如生长边界等。然后生成吸引元，以吸引元为起点吸引更多粒子加入；吸引元成为粒子集聚的宿主和初始生长构架。吸引元可以是空间中的一个或多个点，也可以是已经具有初步形态的特定物体。当DLA的生长具有复杂边界的时候，所生成的形态会更加复杂。和粒子系统对粒子单元体的处理一样，DLA粒子可以是任意抽象的空间点或具象的单元物体，DLA仅作为一种集聚的规则，控制这些单元物体的聚合与生长。如图8.22所示，DLA的单元体是盒状物，多次集聚后形成了类似积木堆叠的最终形态；而图8.23的单元体则是可以互相融合的变形球单体，因而形成了类似于珊瑚的最终形态。

如何能够既保留生长的趋势，又与建筑设计生形规则相吻合，是设计决策过程的要点。如图8.24所示，建筑基地范围成为DLA生长的外部空间限制，运用DLA算法形成建筑空间生长的主干，得到线形主干后，再利用DLA主干作为吸引子，在RealFlow中作为粒子生长所依附的枝干，让单

图8.22 DLA集群生成的集聚形态

图8.23 DLA集群生成的数字化珊瑚

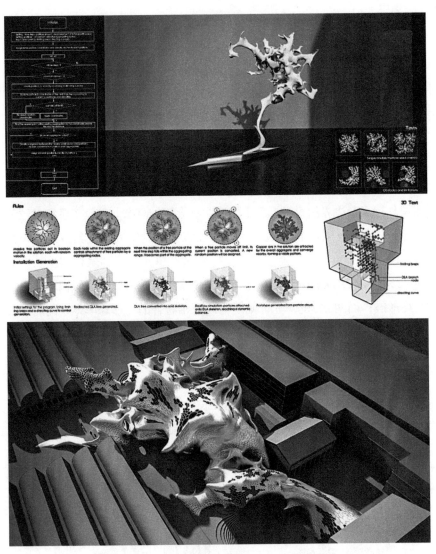

图8.24 运用DLA集群算法生成的艺术画廊设计

元粒子在所依附的主干上形成最终的建筑形态。在这个案例中，进行了两个层次的分形和集聚：第一次是DLA生成主干的过程；第二次是以第一次生成的主干作为输入条件，在主干上继续集聚第二层次的粒子，从而形成多层次的复杂性。

8.4 | 模块化集聚：乐高系统中的分形原理

8.4.1 乐高和分形

乐高系统、七巧板、雪花插片及其他众多以单元模块拼接为基本原理产生的传统益智玩具，都具有模块化集聚的特点。由于产品的特性，需要以相对有限的单元体种类组合出尽可能多的造型，因此这类益智玩具都具有结构稳定、单元模块化以及可建造化等相似特性（图8.25）。这些拼插类玩具

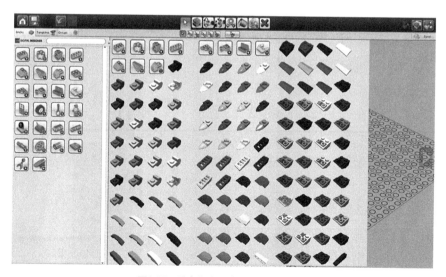

图8.25 乐高积木系统的模块化单元体

都是基于严格的立体几何原理设计的，都具有晶体学的特性。决定其造型能力最重要的因素是单元体多向度的可拓展性。在本节中，我们将着重探讨模块化拼插系统的设计潜力及其设计要点。

单元模块产品中最具有代表性、与建筑体系关联性最高的系统是乐高类颗粒系统。乐高颗粒具有完整而成熟的造型体系，理论上可以用种类相对有限的基本颗粒创造出任何可想象的三维形态。经过世界众多乐高积木迷友的不断更新、创造和发展，乐高积木系统体现出了强大而持久的生命力，以及近乎无穷的创意可能性。

乐高系统基本的构架是乐高颗粒所蕴含的简单数学原理：基于模数化网格的突出圆柱状颗粒与凹进的空心管之间的契合与固定（图8.26）。乐高的网格是可见的，积木颗粒之间的距离相等，形成标准的正交网格。

拼插系统的设计潜能基于两个方面的因素：其一是网格系统（三维的或二维的），其二是单元体的可连接性和可拓展性。由于具有严格的三维几何构造体系且遵循类似的规则进行堆叠，乐高系统具有高度的内部统一性。乐高积木允许在以单元颗粒为基本元素的基础上，进行特定规则的空间扩展和生成（图8.27）。乐高颗粒的正交属性决定了乐高在x、y、z轴的拓展属性，在除正交向度之外的其他向度上的拓展性较弱，需要借助于非标准构件来进行辅助扩展。

无论多么复杂的乐高形体，都是由有限类型的基本乐高颗粒，遵循颗粒之间的组合原则拼接而成的。有限数量的单元体类型，加上有限数量的结合原

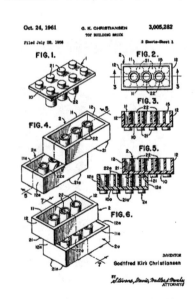

图8.26 乐高基本颗粒的连接设计

则，却能够形成无穷多种最终组合的可能性。乐高颗粒之间的搭接具有结构稳定性的属性；因此，乐高颗粒的搭建逻辑可以在建筑设计中加以借鉴（图8.28、图8.29）。

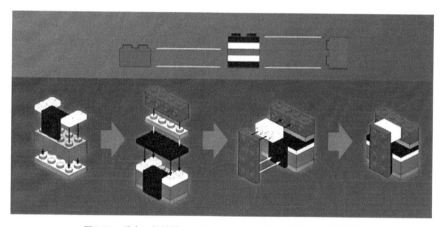

图8.27 乐高颗粒的模数化设计使乐高系统具有多向度的拓展性

图8.28 乐高颗粒系统搭建的分形建筑

图8.29 乐高颗粒系统搭建的具有分形属性的建筑

乐高系统的挑战性在于用限定数量和种类的乐高颗粒创造出无穷多种完全不同的三维形态；亦即在一定数量和种类的颗粒中，完成不限定数量的设计成果。其最为典型的产品就是设计师系列（Designer Set）和创造系列（Creator Set）。基于有限的单元种类，用不同的组合方式完成不同的设计成果，其难度远大于可以利用无限种零件类型及数量的乐高颗粒自由发挥创意搭建乐高的玩法（My Own Creation，MOC）。在《不可思议的交通工具》（The Incredible Vehicle）一书中，用一套特定的零件组合完成了超过20种汽车造型，各种交通工具的形态在细节模拟的完整性上都达到了一定的高度，充分体现了乐高系统的高度灵活性。

乐高体系的另一个特点在于，同一种形体可以用完全不同数量的乐高颗粒来搭建。例如，相同的形态可以用数千个到数十个不同的颗粒数量级来抽象表达。最小型的迷你套装仅由几十个乐高颗粒构成，在格式塔心理学的作用下，乐高颗粒本身的基本形状就足以暗示最终形态的大致形体。

例如，用三角形构件暗示飞机的机翼。而在大型的套装中，相同形状的大尺度机翼，可能由几十片大小不同的构件拼装组成。世界最大的星球大战X-Wing战舰由533万片乐高颗粒搭建而成，最小的X-Wing战舰则由20片零件构成。大小不同的战舰，从总体形态来看也许类似，但是其构成逻辑却完全不同。不仅仅是颗粒数量的差异，更是一种建模思路的差异。同样，一个建筑形体可以由20个乐高零件完成其抽象过程，也可能由2万个零件刻画出逼真的建筑细节（图8.30）。

图8.30　乐高颗粒对建筑形体的抽象

乐高系统可以创造无穷无尽具有较高可识别性的形态，其中的奥秘在于乐高系统的统一性以及格式塔心理学的抽象还原性。相同的部件可以被用在完全不同的形态表现上。在这个过程中，心理暗示起着重要作用。例如，同样一个圆形点状颗粒可以抽象地实现不同尺度的不同功能，如车的标志、车轮、车上的圆形部件等。格式塔心理学在抽象的乐高颗粒和具象的三维形象之间架起了一座看不见的桥梁。

8.4.2 单元构件的有理化

在分形规则系统设计中，具有分形属性的形态生成在很大程度上取决于数量众多却又不完全一样的单元体构件。在现阶段的实际建造中，各不相同、无法批量生产的建筑构件在造价上仍然远远高于可批量生产的构件。因此，在设计优化阶段，往往需要对形体进行构件层级的归类和简化，以更符合简化建造和降低造价的要求。有理化是设计优化中很重要的一个步骤。有理化可以发生在设计系统生成之前（先有理化），也可以发生在设计系统生成之后（后有理化）。

先有理化需要在分形规则选定的基础上，事先考虑基本构件的数量和种类，考虑产生异形构件的可能性，以便在设计深化阶段进行建造和造价控制。后有理化则是在设计原型基本完成以后，在保证设计原型总体形态不变的前提下，对大量的不同构件进行分类和规整，以期减少构件类型，优化建造工序。后有理化的优势在于前期受限制较少，设计自由度大，但也为后期优化增加了难度。因为毕竟不是所有的形态都能在最大化的精简后，仍保持原始设计不变。先有理化方式需要进行严格的预先设计，在对异形构件数量进行控制的前提下，利用严格的规则进行构件组合，以形成最终的形态。

乐高颗粒系统就是先有理化系统的典型例子。乐高颗粒可以分为几个主要的类型：一种是基本颗粒，也就是通用型的乐高砖；另一种是异形的或非通用型的颗粒，是常规零件系统的变体。通过有限种类的异形零件和通用零件的组合，能完成理论上无穷多的设计可能。伍重利用标准单元构成自由形体的实验，则运用了后有理化的思路。图8.31中左边的形体由4种零件构成，通过首尾相连的旋转轴旋转连接；右边的形态则是完全自由的形态。两者从外观上看十分接近，体现了后有理化思维对建造过程的有力控制。

通过限制单元构件的数量进行造价控制，能够解决大批量定制和工业化生产之间的矛盾。例如，立面渐变网格可以通过调整窗户的大小来控制最终的渐变效果，而非盲目地增加非标准构件的种类，由此导致造价的增加。一般情况下，具有超过10种渐变构件的立面形态，在人的视觉看

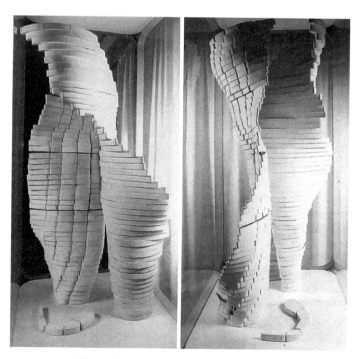

图8.31　伍重利用标准单元构成自由形体的实验

来就已经具有平滑的渐变效果了。从0°渐变到360°并不需要360种不同的角度，只需要每隔10°变化一个角度（共36种不同的角度），就能在视觉上达到平滑过渡的效果。当然构件种类数量越多，分辨率越高，渐变的效果也就越平滑。分辨率越高，所需要的不同类型单元体的数量越多，成本也就越高。因此，分辨率在设计优化过程中应该作为一个重要的权衡因素。

在作者的原创案例福建省交通银行项目中，利用玻璃幕墙渐变旋转的方式达到了类似曲面混接的效果，其分辨率控制在常规玻璃尺寸之内（1050mm）。经过多次试验，大于1050mm的玻璃幕墙尺寸的分辨率过低，形体会产生突变，无法达到平滑过渡的效果；小于1050mm的玻璃幕墙尺寸，则会与幕墙的加工和建造过程相矛盾，无端地增加过多的细节杆件和造价（图8.32）。在该案例中，1050mm就是根据项目特点选择出的最合适的分辨率，达到了建筑效果和造价二者的平衡。

图8.32 福建省交通银行项目的渐变幕墙

9

分形规则系统在
建筑设计中的综合运用

单一的规则系统或数字工具，在实际的设计过程中无法满足复杂的设计需求。本章试图通过各种实验性案例，探讨综合运用多种规则系统、算法和软件平台的可能性。以便将多种算法工具和软件平台串联起来，形成可以解决特定设计问题的技术路线。

　　清华大学的参数化教学力图探索自然现象与建筑设计之间的关联性，尝试用自然界的发生机制解决建筑学问题。本章简述了燃烧与火焰、波形干涉、胶水与分支图形等试验现象，通过规则图解的提取，寻找其与建筑学空间概念的关联。

　　总结与提炼分形规则的最终目的是对设计过程进行有效的指导，提高设计师对复杂建筑现象的理解和把握能力，并运用分形理论创作出具有分形规律的新作品。本章结合苏州纸艺术博物馆、福清文化中心、安溪茶文化博物馆、中国移动手机动漫基地原创项目的设计实践，探讨分形规则系统和设计方法在建筑实践中的运用。

9.1 | 工具集
与技术路线

本书第4章至第8章分别介绍了各种分形规则系统之后，如何在实际建筑设计过程中综合运用上述规则系统，成为本章讨论的重点。

语言的运用需要掌握丰富的词汇，运用一定的语法规则（句法）形成句子，在句子的基础上表情达意并由此形成语言系统。语言的基本元素很简单，英文字母不过24个，常用词汇不超过两万，但语言的丰富性却已经远远超过两万的数量级。语意和语法的丰富性形成了语言的多样性。语法和词汇之间的关系是辩证的，如果没有语法，仅仅借助词汇的丰富多样，仍无法形成语句；反之，如果没有词汇、仅有语法，也无法形成完整的语意表达。

对于建筑设计而言，同样需要掌握尽可能多的工具，了解各种工具最适合解决的特定问题。工具集中的各种工具类似于语言中的词汇。每个设计项目都可能采用不同的技术路线，类似于语言学中造句所用的语法，通过不同语法的组合形成篇章，完成语意表达。和乐高玩具的基本颗粒通过不同的组合方式可以创作出无数种可能性一样，在设计原则的指导下，通过对不同数字化工具的灵活组合运用，可以创作出丰富的设计成果。

建筑设计是一种复杂且具有一定模糊性的思维过程，单纯的某种规则系统或者单一软件平台，在实际的设计过程中往往无法满足复杂的设计需求。因此，在本章中通过各种实验性案例，探讨综合运用多种规则系统和软件平台的可能性，其目的是将不同的算法和软件平台串联起来，形成可以解决特定设计问题的技术路线。

9.1.1 各类分形规则系统的异同点

迭代以及相同规则在不同层次的反复运用是分形规则算法的核心要素。第4章至第8章涉及的分形系统都以迭代运算作为核心特征，但被应用于不同方面：分支系统的迭代主要应用于分支结构，镶嵌系统主要应用于不同尺度及层级的晶格，粒子系统主要作用于外部和内部力场。因此，不同的分形系统实际上在操作中具有相似性，仅仅由于其算法规则特性的不同而产生最终形态的差异。

书中涉及的5大类分形规则系统是根据算法生成特性来区分的，这些规则系统生成的结果可能具有形态学上的相似性。例如，分支形态有可能由分支系统中的L-system算法或集聚系统中的DLA算法生成；同一种镶嵌图形可以由镶嵌系统、迭代函数系统、集聚系统中的元胞自动机算法或者分支系统中的L-system代码生成。

规则系统生成的结果并不是天然具有分形属性。例如，未经多次迭代的单元体集合，仅仅是简单堆叠，并不具有跨维度的分形特征。因此，分形形态只是这5大类系统的特定生成结果。同时具有表9.1中的算法共性和生成特性的形态，才属于本书的分形范畴。

分形规则系统算法的异同

表9.1

系统类型	生成特性	算法共性
迭代函数系统	仿射变换	• 有限次迭代运算； • 整体系统反馈； • 由有限次的多代系单元体共同构成； • 具有跨维度的形态特征； • 自相似的多代系规则允许具有代系变异
分支系统	节点路径分支	
镶嵌系统	空间（或者表面）细分嵌入	
粒子系统	力场驱动	
分形集聚	受空间利用率、生命规则、物理接触等集聚原则控制	

9.1.2 设计原型的选择：分形的建筑学准则判断

自然界的绝大部分现象，甚至一切美的事物都符合一定的数学法则，即使这种数学法则是不容易为人察觉的。勒·柯布西耶非常崇尚自然的灵动和数学的严谨相结合所产生的理性之美，将他的建筑与树形的和谐统一之美相比较。在谈到模度时，他更是感叹："整体正是由于数学的统一而获得了生命"。分形规则系统作为一种比感性的"师法自然"更有章可循的设计理论和设计手法，从对设计的深层次认知入手，让设计师运用分形和混沌数学的简化方法，重新观察身边的自然现象和城市现象；从对自然的外在感受过渡到对数学算法内在规律的认知。评价美与丑将不再是纯感性的判断。

虽然纯理性的规则本身无关美丑，但是设计师在进行设计判断的时候，不可避免地会带有个人的审美倾向，会基于个人或社会、时代的审美观念，决定一个设计的倾向性，这是建筑设计的一种必然约束。脱离了这种约束，设计也就不再是人创造出来的，也就不再具有人类的情感，而沦落为一种完全的随机因子和无人为情感的计算工具，从而失去了设计的魅力。

分形规则并不是一种全新的美学原则。人工设计、建造的建筑物和完全的自然物毕竟具有本质的差异，因此其审美过程也必然具有一定的区别，不能完全用自然界的法则去对待。分形规则作为一种设计手法和认识论，并不能替代传统设计手法对建筑尺度、空间及意义的探索。单纯利用分形规则系统本身也并不能创造出完整的建筑空间和设计作品。对一个设计作品的选择和把握，仍然离不开设计师的美学素养、对设计基本元素的判断，以及对建筑空间的理解。强调规则系统对设计过程的指导，并不会弱化建筑学专业判断的作用，反而强调了建筑素养对分形方法的不可或缺性。

研究分形规则的目地在于用分形的眼光重新看待世界，重新认识设计思维和设计手法。在分形几何与自我相似理论的指导下，将建筑设计中对分形理论的不自觉运用，提高到有意识地系统运用，以达到提高设计效率与质量的层面。正如勒·柯布西耶所说："我们的事业将何去何从？对自然事件的思考将带来丰富的教益：气质的统一，轮廓的纯粹；所有次级元素多样渐变，浑然一体地分布；系统无限精简，趋向最终的极点。结果：整体，耀眼的统一。"

分形规则让设计师更快捷地掌握设计的本质，避免设计师在进入更深层次的设计判断之前就被表面现象所迷惑。设计师需要对原型进行筛选、判断，并作出设计抉择。现阶段利用智能算法进行计算机生形的过程主要有以下几个步骤：设计算法原则；操作算法，产生形态；根据形态进行功能性筛选；优化形态。在这个过程中，计算机的操作方式主要有两种：一是，充分利用算法的人工智能特性，生成设计方案的原型（Prototype）；设计者掌握并控制算法主要的操作要素，在算法生成过程中介入互动，但不直接影响生成的形态。二是，利用计算机高效的迭代功能，对设计者已经具有主观预判的方案进行形象化描述。前者利用的是计算机的智能特性，在后续的筛选过程中，人为因素才开始起主导作用；后者利用的是计算机的工具特性，设计过程自始至终是人为控制的。随着计算机技术的发展，人工智能必将起到越来越重要的作用，但是在现阶段，算法建筑学仍处于人工智能与人为工具的过渡期，计算机的工具性仍占据主导作用。

用数字化的方法生成设计原型的过程和根雕艺术的创作过程类似。根雕艺术家必须在自然界中寻找具有一定形态的根茎作为创作的基本素材，然后在不破坏基本素材原始形态的基础上，运用自身的艺术判断，对根茎进行裁剪、修正等加工操作，或者加上其他材料，进行混合材料的创作。根雕基本型中许多自然的起承转合是无法完全通过创作者的思考得到的。如果没有基本型作为创作的出发点，完全人工化的形态创造会缺少自然的灵性。同样，如果我们能从自然现象中提取基本规律，并让计算机软件运用类似规律生形，就有可能打破设计师自身的局限性，创作出富于自然灵性的设计艺术品。

然而，找到合适的根雕基本型，仅仅是艺术创作的基础条件。同样的根茎在不同的艺术家手中，有可能雕琢出完全不同的艺术作品。一个根雕作品成功与否，不仅取决于根雕的基本素材，更取决于艺术家对它的再加工和艺术判断。同样，建筑创作的高下，答案完全不在于工具本身，而在于建筑师的思维判断。同样的设计工具在不同的设计师手中，会产生完全不同的设计结果。掌握24个英文字母以及2万个常用英文单词的人不计其数，但是像莎士比亚这样的文学大师却寥寥无几，创作者的思想才是其作品真正的灵魂。分形规则系统的作用，仅在于让设计师重新认识简单的基本原则，体会并发掘简单原则背后蕴含的深刻道理。分形操作元素无法代替建筑师对建筑学基本原理的把控。

9.1.3　两种不同的设计体系：自上而下与自下而上

建筑形态的生成是基于规则多步骤操作的结果。根据操作顺序的不同，可分为以下三种设计方式：

（1）自上而下，从整体到局部。在设计中先形成总体形态，在既定的最终形态的基础上，以某种规则对形态进行细分，并将基本单元体拟合到最终形态中。镶嵌就是在已经形成的建筑形态基础上进行的更小尺度的划分，是一种自上而下的设计过程（参见第6章）。例如，PanelingTools等数字工具需要一个已经成型的总体控制形态，然后在这个总体形态中进行一定规则的细分，最后再把需要细化设计的晶格单元嵌入已经形成的晶格内，是典型的自上而下的设计方式。

（2）自下而上，从局部到整体。利用一定的规则对单元体进行排布，最终生成整体形态。其最终形态无法预测，所能预测的仅仅是单元体的基本形态及其构成规律。L-system就是一种典型的自下而上的生成机制。Xfrog、GrowFX等软件利用节点分布的方式，将大量的单元体分布到整个体系中，也是典型的自下而上型设计（参见5.4.1节）。

（3）混合型设计方法。从整体和局部同时开始操作，同时考虑整体形态和局部单元的互动。

自然界的大部分形态都是由生成法构成的。造物主并没有预先决定万物的最终形态，而是让单元体根据自身的生长规律，自行决定最终形态。传统的设计方法则往往是从细分开始的，设计师先对总体进行把控，然后根据建筑设计的原理、方法，从大到小、从整体到局部，依次细化，生成最终的成果。

在生成法自下而上的生形过程中，设计师能够控制的仅仅是单元体以及单元体的生长规律。同样一种控制元素有可能生成无数种最终形态。设计师需要在每个关键阶段介入，进行设计决策，对已生成的形体进行筛选和控制。生成法使设计师具有更大的灵活度，具有更多突破设计思维的可能性。但缺点是如果设计师的预判能力不足，最终的设计结果有可能失去控制。自上而下的设计方法则完全在建筑师的掌控之中，遵循常规艺术创作从整体到局部逐级细化的过程，设计的结果取决于建筑师的控制能力及想象力。

无论采用哪种方式，在设计过程中除了单向的设计输入外，都存在复杂的设计反馈。由于数字工具的实时操作性，其操作往往是可逆的。例如，许多参数化设计软件虽然是从基本单元体出发，生成最终形态。但得到最终形态后，软件强大的可操控性允许重新调整各个层级的生成规律，以便设计者能够控制最终形态。例如，在PanelingTools软件中，设计师对最终形态的总体控制虽然已经先于单元体，但在单元体嵌入总体形态后，有可能对已经设计好的总体形态产生不可预见的影响。在这个阶段，软件功能仍允许对整体形态进行调整，让设计者具有同时修改总体形态和基本单元体的能力，并且使之同步发展，即时显现设计成果。

9.1.4　从数字化工具集到技术路线

在参数化设计和分形建筑的设计过程中，往往没有既定的成熟工具和设计思维，需要在设计的过程中，不断研究发现新的工具及其用法。

利用最基层的设计编程语言进行编程，在理论上可以满足任何设计需求。但是在特定的设计过程和设计周期中，利用不同商业软件中所提供的相对成熟的功能模块，可以更高效地实现设计目标。例如，PanelingTools可以高效地在已有表面上实现单元体模块的聚集和拼贴。其相应的单元布点和空间单元拟合功能虽然同样可以由更基础的RhinoScript实现，但是PanelingTools的效率更高。

每种软件都具有一定的局限性，只能满足设计师的部分设计需求。因此，最高效且可行的方式是综合运用多种软件平台中相对成熟的功能，进行功能性的整合，形成特定的技术工具集和技术路线。

在掌握单个技术工具后，需要了解如何把这些工具联系起来使用及其最终结果。例如，为了模拟洗洁精加入牛奶中的复杂动态肌理，设计小组首先用Processing生成粒子系统，得到生成的点云和粒子位置，进而得到同一个粒子在不同时刻的运动轨迹；筛选粒子的运动轨迹后，得到描述主要运动趋势的轨迹线。然后，提取轨迹线上的主要控制点，将这些主要控制点导入Geomagic软件中，形成网格，这个网格符合最初粒子系统的主要运动轨迹形态。随后修补网格，进入3ds Max，用4边形描述网格。最后，逐步深化发展成可以控制的建筑形态。在这个过程中，用到了Processing、Geomagic、3ds Max、Rhino等多个软件中不同的功能模块。任何一个软件都无法单独完成上述复杂的技术过程，这个复杂而清晰的过程就是一种特定的技术路线。

有些技术路线是为了整合不同算法工具的特定功能并且实现软件之间的数据衔接。例如，Chaoscope软件目前的版本并没有提供导出模型数

据的接口，因此需要借助MATLAB或者RhinoScript对Chaoscope中的相应
迭代公式进行改写，进而在Rhino环境中生成点云数据。这些点云数据
是与Chaoscope中的结果一一对应的。Rhino将点云生成连续网格的能力
以及表面处理能力不足，因此需要借助Geomagic软件强大的点云网格功
能进行网格优化，将所得到的结果在Rhino中继续进行深化设计。在这个
过程中，不同的软件承担了不同的角色。Chaoscope用于生成设计原型，
MATLAB、RhinoScript、Geomagic用于数据接口，Rhino用于设计深化，
Lumion、KeyShot等软件用于设计表达与表现（图9.1）。

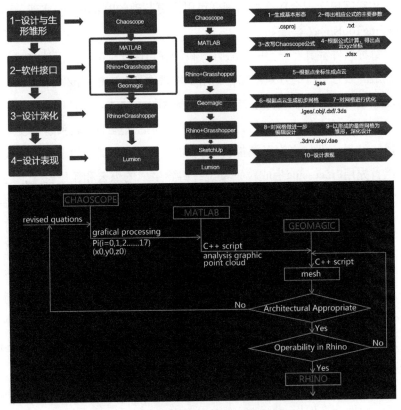

图9.1 多软件平台的设计方式与技术路线图解

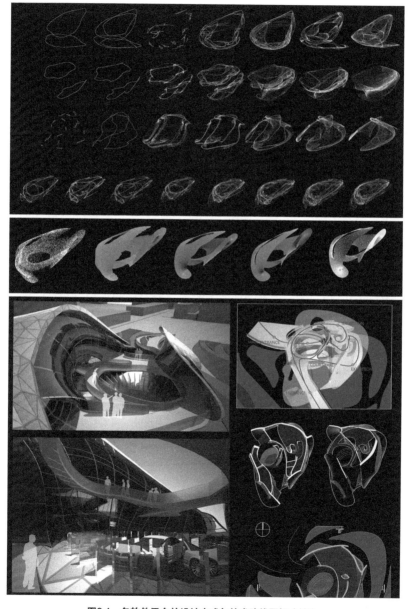

图9.1 多软件平台的设计方式与技术路线图解（续）

设计工具以"缺省"的方式创造出来的结果只是工具的直接产品，而非设计成果。在设计的过程中，设计者需要了解如何取舍与控制工具，让工具为设计目标服务。由于设计的过程并不是线性过程，设计过程中的反复和反馈是不可避免的。在不断反馈的过程中，设计者将获得更多的信息量和对设计更深层次的理解，不断推动设计的发展。这是一个螺旋式上升的过程，设计者需要在明确的逻辑主线指导下，从工具集中选取最适合的算法，遵循或创造技术路线，最终达成设计目标。

9.1.5　不同设计阶段的软件选择

不同设计阶段需要解决的问题是不同的。方案设计阶段以表达设计概念为目的，需要以一种高效、快捷、直观的方式得到设计效果。精确并不是这个阶段的目标。深化设计及建造阶段需要解决的问题则完全不同。当概念设计定型后、进行设计深化时，可能需要对原始模型进行有理化，重新寻找更为合理的建构逻辑。在深化设计阶段用更理性的思路构筑数字模型，是为建造阶段作准备，其逻辑比方案设计阶段更为清晰严谨，但有可能不那么直观。

相同的形体可以由完全不同的建模过程产生。例如，海螺状物体的概念建模过程，可以由相同物体的不断复制、扭曲、缩放形成；也可以由数学公式直接生成。在深化设计阶段，如果要以建造的方式重新定义其设计逻辑，则需要创建多条不同的螺旋线作为控制线，对螺旋线进行等分后，以曲线连接各等分点，得到构造框架。前一种方式速度快，能直观得出设计效果，并且在设计过程中方便调整；而后一种方式逻辑严谨，数据精确，能满足建造的需求。

面对不同的任务，需要在不同的软件平台进行操作。强求用单一软件平台完成所有的设计任务，往往是事倍功半的。例如，3ds Max中的Greeble插件虽然无法像Grasshopper一样生成精确的控制模型和可以深化的设计数据，但是可以很快达到特定的复杂肌理效果，成为模糊的设计意向和最终确认的设计形象之间的桥梁。到了深化设计阶段，整体构思已基本定型，得到了所需要的设计雏形。这时可以改用Grasshopper等其他设计平台，采用更为严密的逻辑思维方式，重新建构模型。第一种建模思路类似于设计师手中的铅笔在概念草图阶段所起的作用，模糊但直观、简单；后者类似于施工图设计过程中的针管笔，线条清晰明确，但缺乏铅笔线条的想象力和灵动性。

9.2 | 受控条件下的 分形实验

　　清华大学徐卫国教授主导的参数化教学的主要思路，是鼓励学生用某种可以控制的实验去产生微观的自然现象，通过规则图解的提取，找到自然现象和建筑学空间概念之间的关联，以此作为分析和建筑生形设计的基础。

　　这些实验现象大致可以分为两类，一类是物理反应，例如折纸、冰的融化、液体之间的混融（例如有颜色的墨水滴在水中）；气体（如云、烟、气流等）在某一个时刻的凝固运动形态。另一类是化学反应（例如化学溶剂之间的反应、面粉的发酵等）。有些实验现象同时具有物理反应与化学反应的特性（例如爆炸、燃烧等）。这些现象虽然是微观世界的自然现象，但是与宏观世界的自然现象具有形态和发生机理上的对应性（图9.2）。

　　每一种实验现象背后都具有相应的科学原理。在实验的分析过程中，设计者需要突出主要现象，忽略次要现象，使形成的图解源于自然、高于自然。当然，并不是所有的实验现象都具有分形的特性。因此，本书从大量的实验现象中选取部分具有分形特性的实验现象进行分析，解读微观自然现象中的分形规则，探讨分形规则指导建筑生形的方法。

图9.2 墨水滴入水中形成的分形状态

9.2.1 燃烧与火焰

燃烧是可燃物温度达到燃点后快速氧化，产生光和热的化学现象。燃烧的过程中产生光（火焰）、不可见气体和可见的烟等多种现象和产物。

通过仔细观察单个蜡烛火焰，对火焰形态的生成过程进行分析，可以发现火焰是气体分子在热量作用下上升，受到空气运动的干扰；当其与焰心距离足够远时温度下降，形态逐渐收敛，直至消失。具有分形形态的火焰特征则是由多个火焰共同组成的，也就是具有多个火种、火源。多个火种、火源在相同的外部环境作用下，具有类似的发生规律，但却具有不同的波动周期和扰动。因此，在具有高度统一性的同时，也具有丰富的多样性（图9.3）。

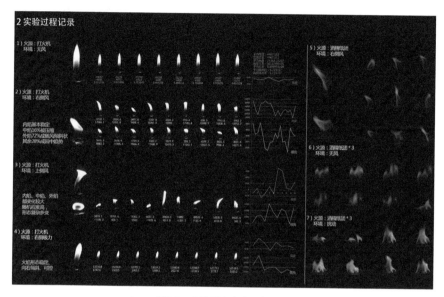

图9.3 火焰形态实验现象分析

纸张燃烧时，最直观的现象是温度升高以后，纸张首先炭化，随之纸张燃烧，形成烟和火焰。在这个动态的过程中，纸张同时具有4种形态：第一是燃烧之前的纸张，第二是开始燃烧之前炭化变黑的纸张，第三是纸的燃烧和火焰，第四是燃烧后产生的灰烬。从纸张到灰烬是一个历时性的过程。但是由于火焰的燃烧是从纸张的局部开始，并且是持续的，因此同时又具有共时性的特征。如果从哲学意义上探讨火焰的燃烧过程，可以发现这一过程实际上体现了事物生长的抽象概念——社会现象经过初始形态、发生发展，直至灭亡。因此，火焰的形态特征体现的不完全是形态上的动态变化过程，而是具有抽象的哲学内涵［（图9.4（a）］。

由于火焰燃烧是一种气体现象，常规的数字火焰形态大部分是通过粒子系统生成的。现有商业软件平台上已有多种粒子系统可以真实地模拟火焰、爆炸等气态燃烧现象。在对粒子源添加风力、重力、燃烧扰动、生长衰弱等特性之后，就能模拟出随风飘动的火焰形态。通过对火焰粒子系统添加后期渲染处理，例如为火焰赋予颜色、透明材质等，动画渲染后可以得到逼真的火焰燃烧视觉形象。计算机模拟的火焰是一种动态变化的虚拟图像。要将火焰形态和具体的建筑形态、空间关联起来，除了需要模拟火焰的物理性质外，还必需对火焰的其他特性进行提炼和简化，将其转化为更具有实体感和空间感的形态。

纸张的燃烧速度和火焰走向，取决于纸张的材质和初始折叠形态。纸张燃烧后剩下的灰烬形态，也与纸张燃烧前的初始折叠形态密切相关[图9.4（b）]。

因此在模拟燃烧的整个设计过程中，需要在不同的软件平台上进行设计手段的组织与整合，同时体现纸张的4种形态。例如，纸张的折叠可以用Freeform Origami软件进行模拟，火焰的模拟则需要使用粒子系统，火焰燃烧后产生的灰烬形态可以在已经生成的网格上利用网格细化工具进行细节设计（图9.5）。

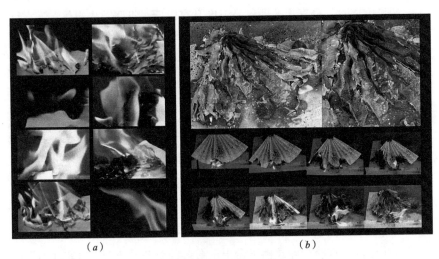

（a）　　　　　　　　　　　　（b）

图9.4　纸张的燃烧过程与火焰形态
（a）火焰形态的记录与研究；（b）不同折叠形态纸张的燃烧与灰烬

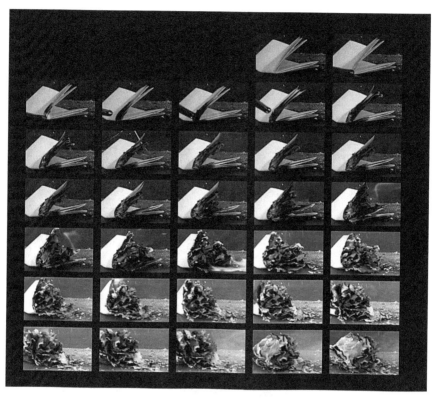

图9.5　纸张燃烧过程的记录与分析

　　颜色与材质是火焰的另一个重要特性。火焰是不断变化的，火焰之所以呈现复杂的形态，是因为不同层次的火焰互相渗透、叠加。相对应的建筑材料的透明性就显得尤为重要。透明的艺术品会呈现出与不透明物体完全不同的细节特征。原先隐藏于表面下的种种细节，包括背面的纹理等，都在正面呈现出来。不同部件之间的交接和运动呈现出特殊的叠合效果，不同层次间的色彩融合也使颜色更具魅力（图9.6、图9.7）。

　　图9.8所示案例利用火焰所具有的分层形态特征，在Chaoscope软件中模拟生成多个火焰片段切片。每个片段切片都是火焰动态过程某一瞬间的

图9.6　透明材料呈现出的复杂性

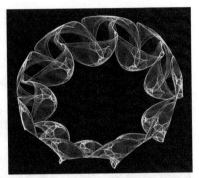

图9.7　分形火焰的连续形态

图9.8　Chaoscope模拟生成的火焰抽象形态

体现。将多个动态片段围合，共同形成建筑空间，以多个静态形体的整合体现火焰瞬间的动态感。

9.2.2　水波、波光与波形干涉

　　静止或平衡状态的水面在外部因素的干扰下，水的质点产生横向和纵向运动，在重力和表面张力的作用下产生水波纹。光通过波动的水面投射到水下，在水中产生的折射、反射和衍射现象共同形成了互相交织的动态复杂纹理。取一个波形干涉片段进行分析，可以看出波光的纹理具有自我相似的特征。

波光动态纹理的形成取决于下述几个因素的影响。首先，水波纹表面的形态决定了光线的入射角和反射角；由于凸透镜和凹透镜原理以及光的透射和折射，形成了互相交织的光线。其次，波光纹理取决于光线承受面（容器的底面及水中的物体）的形状。当这几个因素同时处于运动状态时，其波形纹理就具有更大程度的复杂性。

图9.9所示案例利用折射定律，计算入射光与折射光的角度偏移，得到与动态波光极为类似的二维图像。将类似的算法规则拓展至三维空间，生成了三维波光的固态模型。三维波光作为基本结构构架，具有空间围合作用，成为艺术画廊的设计原型。

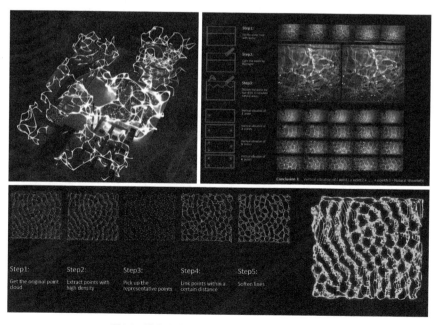

图9.9 波光实验现象分析以及数字化的波光形态

虽然水波的表面可以用插件来直接模拟，例如3ds Max软件中的波浪表面编辑器wave modifier。但是水波纹带给人的观感并不完全是波峰与波谷的简单形态。在湖面上近距离观察，可以发现水波纹是一种类似于山峰的层叠形态，由许多三角形构成，在不同层次间互相交错。不同层次的波浪相互挤压，掩盖了相似形的并置效果。这种关系在图解中可以被简化为三角形等抽象图形的多重并置。每一层三角形之间虽然具有远近的关系，但是互相融合在一起。不只是水波纹，海浪、山峰以及其他类似于波浪的形态，都可能以类似的相互关系来进行转化。伍重在设计悉尼歌剧院的室内吊顶时，用大量不同半径大小和位置的圆形相互叠置，进行拟合，设计出类似于海浪翻腾的形态。这种设计方法是通过2.5维图形之间的错动排列形成的，创造出视觉效果强烈、逻辑清晰的抽象形态（图9.10）。

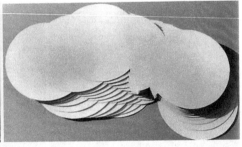

图9.10　伍重利用圆弧模拟的抽象波浪形态作为悉尼歌剧院的室内吊顶

9.2.3　胶水与分支图形

将透明模型胶（U胶）涂在玻璃板表面，用另一层玻璃板压紧模型胶，而后缓慢地平行分离两层玻璃板。可以看到模型胶在玻璃板中被逐渐延展拉伸，形成密度不一的半透明胶层。观察模型胶在玻璃板表面的分布状态，可以看到胶水区域形成了不断分支的运动轨迹，以胶水涂抹的边界为起始点向胶水中心延伸，直到模型胶拉伸层被拉断为止（图9.11）。

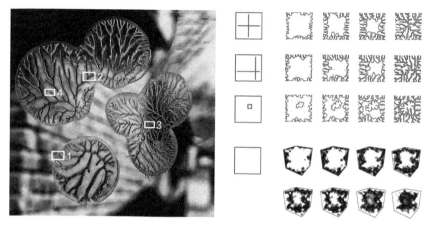

图9.11 U胶在两块玻璃之间留下的分支状形态

　　胶水的分支状况与胶水起始点的位置有关。分支的发展总是从胶团边缘开始发生，逐步向中心延伸。其物理原因是胶水和玻璃之间的粘结力在胶团边缘最弱。当两块玻璃距离加大，胶水被拉伸时，胶水从粘结力最弱的部分开始剥离，并呈树枝状分裂发展。这种树枝状形态仅仅在二维平面中呈现，在三维中则是二维分叉的拉伸，和空间中的三维分支系统有所区别。因此，用常规的分支系统算法（L-system等）并不能完全体现实验现象的特质。需要根据分析所得的图解，重新创建可以用于模拟这种特定现象的相应算法。

　　图9.12案例采用与元胞自动机类似的算法，从二维正交点阵出发，循环判断多个边缘点融合的情况，逐步删除粘接力最弱的点，模拟胶层被剥离的状态。通过迭代运算，模拟出了与上述试验现象类似的结果。同时，将相同算法扩展到三维空间，得出了空间中胶水的收缩坍塌形态。并以周边环境、内部庭院空间需求等作为控制因素，进行收缩点的布局，得到了与胶水收缩实验现象原理一致但并不直接模拟分支形态的设计结果。

图9.12 利用胶水收缩算法设计的艺术画廊

9.3 | 分形规则系统的建筑学运用

早期分形几何与建筑学的结合是从二维分形图形开始的；因此，分形图形首先被广泛运用于建筑表皮和装饰之中。但作为一种设计思维和认识方法，分形的建筑学运用并不应被仅仅局限于表皮和形体等形式要素。以自我相似为基本原则的分形规则可以被运用于建筑的各个方面，如建筑的结构、空间、外部形态（单体与群体）、表皮、装饰等。

理想化的分形规则系统在建筑学中的运用，应该充分体现于包括城市环境，建筑概念设计，体形、体量，内部空间，结构形式，建筑细节等在内的各个方面。然而，纯粹的理论研究与实际工程仍然是有差异的。实际工程设计需要受到现实的社会、政治、经济、业主需求、工程进度等各方面的制约。很多影响因素已经超出了建筑师的实际掌控范围，已不是纯粹的设计方法论探讨所能够解决的。

因此，前面几章所探讨的分形方法，在实际工程项目中，往往只能够在设计师所能掌控的范围加以局部的运用。下文所列举的原创实例是在我国现有建筑设计市场环境中的实际工程项目案例。受到实际工程中各种制约因素的影响，其形态生成逻辑的运用仅仅局限于某一个局部。在这些案例中，分形方法分别运用到了建筑设计的不同层面：有的运用于建筑的概念设计，有的则在庭院空间等细节设计中体现；有的在建筑单体的形体设计中加以运用，有的则在建筑群体空间层面加以运用（表9.2）。在现阶段市场的大环境以及建筑师的从业环境中，尚缺少能完整实践分形规则系统的实际工程案例。虽然每个项目只是对分形规则系统进行了局部探索，但将一系列不同性质、不同尺度以及不同运用范围的项目结合在一起进行讨论，则可以明显看出分形规则在设计过程中的脉络。

原创研究案例的分形方法运用范围　　　　　　　　表9.2

案例名称	章节	在建筑中的运用范围						分形规则系统				
		设计概念	群体形态	外部形态	表皮	结构	空间	IFS	分支	镶嵌	粒子	集聚
曾山雷达站	4.4.1			✓				■				
三丘田码头	4.4.2			✓		✓		■				
厦门高崎国际机场T4航站楼	4.4.3			✓	✓			■		■		
航空港物流园北部商务区	4.4.4	✓	✓	✓	✓			■		■		
长沙建发大厦	6.3.1	✓			✓			■	■	■		
2012年伦敦奥运会主场馆概念设计	6.3.2	✓			✓	✓			■	■		
福建省交通银行	8.4.2	✓			✓			■				■
苏州纸艺术博物馆概念设计	9.3.1		✓		✓		✓	■		■		
安溪茶文化博物馆	9.3.2	✓	✓		✓			■		■	■	
福清文化中心	9.3.2	✓	✓		✓			■		■	■	
中国移动手机动漫基地	9.3.3	✓	✓		✓			■		■		

　　分形规则首先是一种设计图解。如果把图解当作一种抽象的工具，那么抽象的图解和实际的项目背景、规模并没有直接的关系。对分形规则的总结与提炼，其最终目的是在设计实践中对设计过程进行有效的指导，提高设计师对复杂性建筑的理解和把握能力，并运用分形理论创作出具有分形规律的新作品。在我的设计实践中，尝试实验性地运用分形生成方式和分形空间的分析方法。在小项目中积累的经验，为大型项目提供技术和创

作的基础，为建筑师的创作提供助推力。这种助推力不仅提高了生产效率，也为建筑师厘清了创作思路。

这种实践探索还只是处于初级阶段，实践探索和分形方法的研究产生了有趣的互动，已经证明了分形建筑理论对设计过程具有明确的指导作用，提高了设计效率和设计品质。相关的实践探索还将继续，在不同类型、不同规模的设计项目中对分形理论加以进一步的验证与运用。

9.3.1　庭院空间与分形：苏州纸艺术博物馆概念设计

本案例利用苏州博物馆新馆兴建前太平天国忠王府基地的地形，设计了一个假想的苏州纸艺术博物馆，探讨历史街区保护的概念，以及分形的建筑形态、空间与中国传统园林空间的联系（图9.13）。

在这片基地中，有大片完整的旧建筑，白色部分是现代的多层办公楼，可将它视为可拆建部分（图9.14）。西面靠齐门路还有一小片狭长形的临街商业，仅通过北面与拙政园围墙相邻的"肖王弄"和基地内部相连。在这种基地现状条件下，不拆除大片旧建筑，仅利用现有的"犄角旮旯"用地，兴建一个现代博物馆是否可行？是否可以尽量保留旧建筑，充分利用可拆建空间，让纸艺术博物馆成为忠王府和拙政园的一条纽带呢？

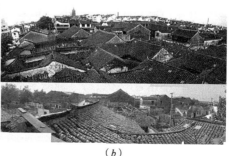

（a）　　　　　　　　　　　　　（b）

图9.13　拙政园、苏州博物馆新馆与林氏义庄
（a）拙政园与苏州博物馆新馆；（b）林氏义庄拆除前的全景

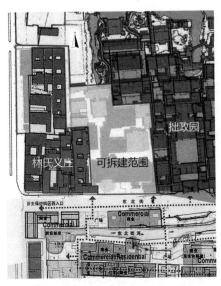

图9.14　基地总平面图　　　　图9.15　基地西南角沿路景观拆建前后对比

　　从齐门路西南角同一个视点的这两张照片可以看出，拆建前的林氏义庄建筑整体白墙黑瓦，轮廓错落有致，尺度上十分有机地与拙政园以及苏州老城融为一体。苏州博物馆新馆的西面轮廓则过于高耸，硬朗有余而谦逊不足（图9.15）。因此，利用分形对建筑和空间尺度的逐级消解，可以令新旧建筑在形体和空间尺度上更为契合。

　　从宋代苏州城平面图和拙政园平面图可以看出，苏州城市的规整网格和园林的自由布局相互衬托，形成了强烈的对比。如果将园林和建筑看作苏州城市肌理不可分割的两部分，则自然形态的园林布局与规整、理性的庭院布局的相互交织就成为拙政园最明显的特征。拙政园的园林布局和游览路线都遵从了非线性连续、自然跳跃的设计原则（图9.16）。因此，苏州纸艺术博物馆可以遵从园林的非线性特征，成为拙政园园林空间的延续。通过两重网格的相互渗透和转化，苏州纸艺术博物馆形成的新城市布局将成为联系拙政园和城市空间的纽带。

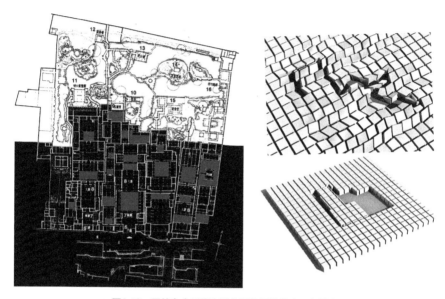

图9.16 园林自由网格和城市规整网格的渗透与转化

建筑作为空间的物质载体，不可避免地要面对建筑形式的选择。什么才是中国建筑的本质？什么样的建筑形式才能反映传统建筑的精神，而不只是对大屋顶的简单模仿？某些建筑手法，比如用结构细部隐喻传统屋架，或者是传统纹样和建筑构件的巨大化等，仅仅是对传统语言的"直译"。经过多次比较和探讨，中国传统建筑的空间"序列"以及庭院空间成为设计的重点。庭院空间作为苏州园林的"肺"，不只对园林建筑的生态环境有重要作用，更是多层次建筑空间的"留白"。"庭院深深深几许"，园林空间的层次性在室内外空间的不断交替中得以扩大。设计拟着眼于庭院空间组织以及室内、外空间的相互影响，自然光在建筑中的反射造成多变的视觉效果，让自然光成为空间表现的主角，让分形的空间和建筑形态成为新、旧建筑在尺度和空间上的自然过渡（图9.17）。

下文讨论的是以非线性组织的空间为引导，从入口到出口的完整博物馆空间序列。中国传统私家园林往往运用曲折、昏暗且狭长的入口空间与

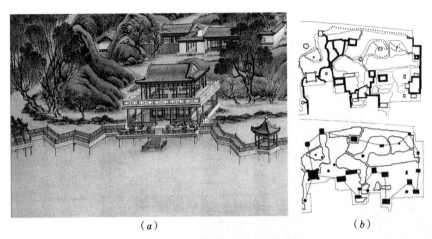

（a）　　　　　　　　　　　　　　　　（b）

图9.17　中国传统园林的非线性元素
（a）园林中的曲桥；（b）拙政园非线性的游览路线

进入园林后的豁然开朗形成强烈的空间对比，这种"先抑后扬"的空间布局手法在留园等苏州园林的入口空间中都得到了巧妙的运用。现有基地的西侧靠齐门路，有一片被近代商业建筑占据的狭长地带，它与基地中部可拆建空间的唯一联系是北面与拙政园相接的"新肖王弄"。纸艺术博物馆的入口设在这里，既可以避免与拙政园及忠王府的主要入口形成竞争，又可以充分利用现有基地环境，创造类似贝聿铭设计的美秀美术馆桃花源般的空间序列。入口大厅是由较小尺度的折板结构组成的动态建筑体量，它是整个展览空间序列的前奏，在城市主干道齐门路上预示了博物馆的存在；同时，也是一个位于喧闹的齐门路和宁静的"新肖王弄"之间的视觉和声觉屏障（图9.18）。

　　进入主要的展览空间和庭院之前，参观者将经过一条狭窄、昏暗的小巷——改造后的"肖王弄"。新"肖王弄"的空间比例（宽3m、高4m、长22m）形成了强烈的导向性，引导参观者走向巷子另外一端的半室外空间。光线穿过抽象传统图案的天窗窗棂，将倒影投在白色混凝土墙上，形成随时间和光线变换的图案。自然光成为这个空间的主角，也是纸艺术博物馆和外部时空的唯一联系。此空间也从心理上暗示了中国传统建筑从室内、半室内到室外空间的过渡（图9.19）。

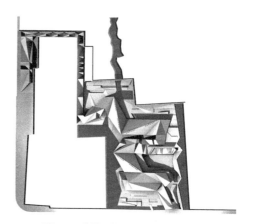

图9.18 苏州纸艺术博物馆的屋顶平面

经过"肖王弄"，参观者进入折叠走廊。这是联系拙政园和博物馆的第一个"中介"空间。光影以其与传统纹样的抽象相似性，在潜意识里将这个走廊和传统苏州园林联系了起来。在进入展览空间之前，透过半封闭的小庭院和镂空墙饰，参观者隐约体验到拙政园与博物馆若即若离的联系（图9.20）。

穿过折叠走廊，就真正进入了博物馆的展览空间。和室外水池相连的浅水渠横穿展厅，周围折板结构在水中的倒影无形中形成了空间的另一个层次。在所有展厅中，进入室内的光线均由屋脊处的可关闭天窗控制。透

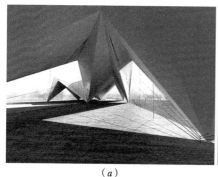

（a）

（b）

图9.19 苏州纸艺术博物馆入口空间序列
（a）入口大厅；（b）传统的弄堂空间与新"肖王弄"

过抽象的传统纹样窗棂，自然光均匀地洒在整个展览空间中，配合人工光源，使参观者能在富于变化的自然光环境中欣赏精美绝伦的艺术作品（图9.21）。

图9.20　折叠走廊

图9.21　展厅透视

位于地下层的咖啡厅是博物馆各部分空间的连接体。它联系着各展览厅、观众厅、下沉庭院以及地下车库。自然光同样是这个空间的主要塑造者，空间中的桥以及从上层水池倾泻而下的跌水使整个空间具有强烈的动感（图9.22）。

与咖啡厅相连的是位于同一平面高度的下沉庭院。从低视点仰望，博物馆的折板结构与背景中的拙政园屋脊连为一体。在这里，传统建筑大屋顶和基座的概念在新建筑中得到延续。与屋顶结构相连接的折板体系如同莫比乌斯环般环绕整个下沉庭院。在这个空间中，建筑与景观融为一体，隔绝了外部环境的喧嚣，为参观者提供了一个宁静的休憩空间。在博物馆关闭之后，下沉庭院仍然可以对外开放，成为一个公共的城市广场。

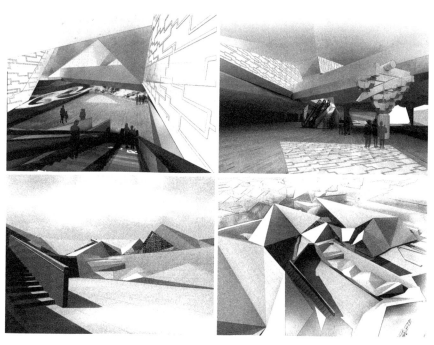

图9.22 咖啡厅及下沉庭院

　　博物馆的主要结构体系由两种不同尺度的折板组成——展览空间的主体折板和地下层的次级折板。主体折板结构创造的大跨度无柱空间，为永久展览和临时展览提供了灵活布置的可能性。白色混凝土表面减轻了结构的沉重感，且增强了自然光在展览空间中的漫射。两种折板结构在尺度上的差异也清楚地显示了它们在建筑中的作用——屋顶和基座（图9.23）。折板结构形式与传统屋面的建筑语言产生了一种隐喻式的呼应（图9.24）。

图9.23　两种尺度的折板结构

图9.24　展厅建筑立面——新形式和传统语言的呼应

9.3.2 建筑形体与分形：安溪茶文化博物馆与福清文化中心

安溪茶文化博物馆的总体布局由4个全等的单元体旋转90°后得到。如图9.25所示，三角形经过自身旋转后得到G1；G1单元体以庭院中心为旋转轴，旋转90°后得到G2；G2再一次以空间中的旋转点旋转90°得到G3。在三次迭代的过程中，空间中的旋转点不同，但操作原则是一样的（以空间点为轴旋转90°）。经过三次迭代，总共得到了8个全等三角形。迭代的过程还可以无限地进行下去，产生更为丰富的空间形体变化。但是作为实际项目，我们在第三次迭代后就得到了最终所需要的形体（图9.25）。

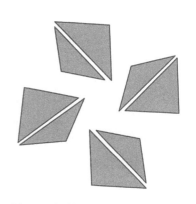

图9.25 安溪茶文化博物馆形态生成图解

安溪茶文化博物馆运用了4.2.2节关于不对称形态空间旋转角度形成不同视角的设计方法。由于单元体自身是不对称的，旋转后从不同的角度会产生完全不同的空间感。作为位于城市入口交叉点的标志性建筑，从各个不同方向进入城市的观赏者可以看到建筑各角度的不同表情。虽然平面形状完全相同，但4个形体围绕中间的入口广场平台依山就势、依次跌落，形成高低错落的室内外空间。形体之间的空隙形成了多个方向的入口，引导人流拾级而上，进入整个建筑群的外部空间。人流最终汇集到位于中轴线上的入口广场平台，从这里进入4个独立的展馆（图9.26）。

安溪茶文化博物馆的每个单体都由虚实对比强烈的石材幕墙和玻璃幕墙组成。除了总体形态运用了三角形图解，相同规则的三角形细分方法同样运用到了玻璃幕墙的细节上。不同大小的三角形交错镶嵌形成的幕墙三

图9.26　安溪茶文化博物馆不同方向的不同观感

维纹理与整体切分体量形成了基本元素的呼应和尺度上的对比。

　　福清文化中心与安溪茶文化博物馆的共同点在于都运用了多个单元围绕一个中央广场（庭院）的布局方式。然而在福清项目中，三角形不再作为唯一的控制性元素。围绕中庭的4个体量在拓扑上是同胚的。在两次迭代的过程中运用了自由变形（FFD），使得各个单元体在统一中又富有变化。形体的微差既增强了空间的丰富性和最终形态的复杂性，也强调了初始设计概念"流水中的岩石"的动态感。

　　在福清文化中心的设计中，分形原则在不同尺度上多次运用。以功能分区、交通流线及城市肌理等外部因素为制约条件，对正方形网格形成的自我相似形体进行了有机变异。5个相似的建筑体量的有序并置，形成了变化丰富的空间序列（图9.27）。在这个建筑群的设计中，总体体形是分形，空间序列是分形，建筑的表皮肌理仍然是分形。

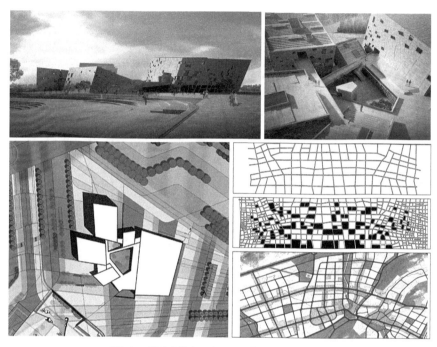

图9.27 福清文化中心空间、形体及表皮肌理分析

9.3.3 建筑群体空间与分形：中国移动手机动漫基地

频率相同的两列波相遇叠加后，波的干涉会令水面产生对比强烈的动态干涉图样。中国移动手机动漫基地总体规划布局用4个波源形成的干涉波纹作为构思来源，建构动漫基地的总体规划构架。其中，两个波源形成两个中心广场区域，另两个波源则形成临街和临湖的城市空间。以波源为概念构建规划构架，为整个项目提供了协调统一的基础，使建筑群既统一，又富有变化（图9.28）。

经过对干涉波纹基本形态的抽象和分析，动漫基地建筑采用了Z字形的单元平面布局。通过旋转、拼接和错动，形成类似干涉波波峰和波谷交错起伏的动态感。起伏的建筑群由4种基本单元形体，经过规律的旋转和

图9.28　中国移动手机动漫基地鸟瞰

变换得到，每个单体的形态构成都基于8.4m×8.4m的正交柱网。建筑的
进深分别为2跨（16.8m）、3跨（25.2m）和4跨（33.6m），满足了办公、
电信机房等不同用房的功能要求（图9.29）。建筑单体的屋顶机房层和设
备层高高耸起，各单体的高低错落形成了如连绵的山峰般的总体形象。更
如同映射的电波，传递着中国移动手机动漫基地的独特企业内涵和企业
形象。

　　与平面形态类似，立面的开窗方式同样采用了正交网格控制下的Z字
形线条。所有带形窗与平面楼层相对应。在保证各层有充足的开窗面积的
前提下，可以根据使用功能的不同需求进行带形窗的灵活分布，从而产生
了丰富的立面变化，为整个园区提供了总体统一又富于变化的流畅肌理
（图9.30）。

　　沿湖的机房楼高低错落，形成了富于韵律感的建筑群，为紧邻湖边和
厦门园博苑的这个重要地段提供了充满动感的沿湖建筑轮廓线（图9.31）。

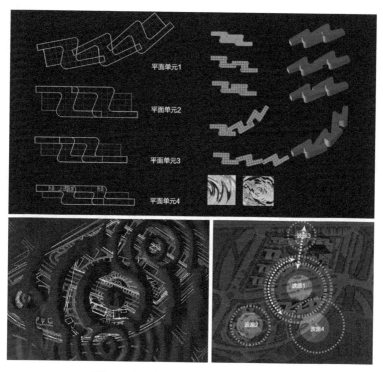

图9.29　中国移动手机动漫基地形态生成图解

图9.30　中国移动手机动漫基地立面生成图解

图9.31　中国移动手机动漫基地总体形态

10

分形与未来的
建筑学

本章主要探讨未来建筑学的发展趋势及分形现象在建筑学领域的应用前景。建筑学的发展与突破依赖于建筑技术的进步。在当前的经济技术条件制约下，分形现象无法在更宏观的社会条件中得以实现，但乌托邦建筑和大量科幻电影场景中的建筑愿景，却为建筑师拓展设计手法及设计思路提供了艺术上的借鉴。

本章以在乌托邦建筑和科幻电影中出现的超现实城市空间分形现象为例，展望了分形规则系统在未来建筑学中应用的可能性。

10.1 | 乌托邦建筑理想中的分形现象

查尔斯·詹克斯在《跃迁宇宙中的建筑》一书中提到，宇宙的跃迁并不是断层的，而是由一种内在规律紧密联系在一起的。建筑学的发展同样不应该是割裂的，不能把传统建筑学和未来建筑学视作两个完全不同的领域，传统建筑学是未来建筑学发展的基石。基于分形规则的建筑学是对未来建筑学发展趋势的一种预测，它将把过去与未来用分形系统的认识方法串联在一起。

"乌托邦建筑"承载了许多建筑师在现实的社会经济条件下无法实现的建筑理想。成立于20世纪60年代的建筑电讯派（Archigram），其成员们以超乎寻常的空间想象力，提出了诸如移动城市等许多大胆构想。建筑电讯派强调建筑的可变性和移动性，设计了由建筑集群构成的大型城市综合体。在20世纪50年代，以丹下健三为首的日本建筑界也提出了一系列基于城市尺度的乌托邦式构想，例如东京湾规划等。以丹下健三、槙文彦、黑川纪章、菊竹清训等人为代表的新陈代谢派建筑师，在日本城市的可持续发展以及城市与建筑的相互关系中提出了各自的见解。他们在各自的规划中提出了超出当时日本社会经济技术条件的预测和愿景。

从分形学的角度看待这些乌托邦建筑和城市规划理念，它们的一个共同特点就在于其尺度的巨大。这些理念超前的建筑师将某种纯粹的、基于规则的理想化建筑形态运用于城市尺度之中。例如，东京规划中具有自我相似属性的建筑群体的蔓延和生长（图10.1），以及"插接城市"（Plug-in City）中超大尺度城市结构中不断扩展的拼接单元（图10.2）。

在建筑学范畴，当同样的几何体系进行跨越尺度的运用时，所需要解决的外部制约条件是不同的。家具、室内空间、建筑单体、建筑群等尺度的分形系统在现实的社会经济条件下更容易得以实现。当类似手法被放大

图10.1　丹下健三的1960年东京规划

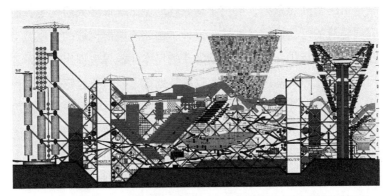

图10.2　"插接城市"：社区组团成为在超大尺度城市结构中不断扩展的拼接单元

到城市尺度之后，运用纯粹的数学分形来控制如此巨大的城市要素已经不是单纯的设计问题，而成为复杂的社会问题。在城市尺度中实现分形的规则系统，所需耗费的社会资源将呈几何级数般增长，在实现过程中受到的扰动也更为明显，来自社会层面的影响往往已经超出建筑师和规划师所能把控的范围。上文所提到的混沌因素在城市尺度中起着更大的作用，因此较少有完整而纯粹的几何形态系统能在城市尺度中得以实现。黑川纪章提出的"子整体结构"也只能停留在概念中，子整体理论并没有以一种真正的城市形态在他所设计的项目中得以实现（图10.3）。

因此，在城市之中要实现完全规则化的形态系统，需要对空间容器的概念限定加以放宽。在城市设计范畴，单元体形态上的一致性应该被忽

图10.3　黑川纪章的东京计划——双螺旋结构城市

略，而允许更多随机元素的加入。应允许将差异性更大的建筑单体视为同一规则的单体，进行衍生，使城市在形态上具有更大的丰富性和多变性。例如，在高密度的城市建筑环境中，用单一连廊连接所有的建筑，形成城市巨构的做法虽然无法实现。但在城市的发展过程中，如过街天桥、地铁、整体地下室等各式各样的连接体系已被实现和建造，且最终形成了另一种意义上的城市巨构。

10.2 ｜ 建筑学领域的突破

　　建筑学的发展与突破依赖于建筑技术的进步。现代主义建筑之所以能在传统建筑的基础上产生革命性创新，其根本原因是建筑行业在19世纪早期的工业革命中得到了技术进步的契机，使得建筑能够以一种前所未有的空间形式得以呈现，进而影响了建筑的功能需求、空间定义和社会审美。建筑空间形式的突破源于结构体系的变革，而结构体系的创新则有赖于建筑材料和结构科学的发展。钢筋混凝土和钢等材料在建筑中的应用，使得超高层与大跨度建筑的设计建造成为可能。在不久的将来，轻质高强的新型建材（纳米材料等）有可能取代现在大量使用的钢筋混凝土和钢，三维建筑打印等新的建造方式也可能极大地影响建筑的建造工艺。

　　大批量定制生产的社会成本由于数字成型设备的普及，正逐步下降；但要真正取代大量性制造，仍然需要相关产业的成熟与发展。当现在相对昂贵的CNC机床、建筑机器人等工业设备成为建筑业的标准配置，当人工建造成本高于计算机定制成本，当超高性能混凝土等高强度新型建材的成本低于常规建材时，当今的"数字建造""算法设计"以及大批量定制生产，就有可能成为建筑行业的主流生产方式了。

10.3 | 未来建筑与科幻电影中的建筑

　　未来的建筑将呈现怎样一种面貌？是否有可能回归自然，使得分形成为一种最基本的设计要素？我们现在所设想的几乎所有建筑的限制，都是由于地球的环境而产生的。当重力不再成为建筑的一种最重要的限定因素之后，建筑会呈现出怎样的形态？在现阶段认为是完全不可能的乌托邦设想，经过未来建筑技术的革命之后，是否能得以实现，甚至是在地球之外的空间形态中出现？

　　在科幻电影中，艺术家和建筑师已经为未来人类所可能居住的环境进行了大量描绘。这些电影场景代表了现阶段的人类对未来空间的向往和憧憬。类似的愿景如《星球大战》中的未来都市，《逆世界》中的反重力世界，甚至神话电影《西游记之大闹天宫》中的九重天场景等。在科幻电影以及元宇宙虚拟世界中，建筑师和空间艺术家不需要受限于严格的结构技术条件，可以天马行空地创造视觉上真实，但现实中尚不可能实现的建筑空间形态。数字虚拟给了他们最大的思维发展空间。

　　在科幻场景以及元宇宙虚拟世界中，分形的原则才真正以一种虚拟现实的方式展现在人们的面前。但是，科幻与未来并不等于与传统割裂，分形对自然原则的回归也并不是造成文化性缺失的原因。在抽象的分形单体容器中装入传统风格的建筑或未来主义的建筑，是建筑师和设计师必然要作的决策，这个决策可能导致不同的形态和空间结果。

　　电影需要创造一种为故事主线服务的虚幻的真实感。电影场景中的空间必须让观赏者认为是真实和可能的，进而产生心理上的认同；但同时又必须超出现有的生活体验。在大量科幻电影中，未来的建筑形式以一种新旧交融的形式存在，让旧的建筑印记在新的建筑形式中产生出一种熟悉的陌生感。在《全面回忆》《星球大战》《机械公敌》《时间机器》等电影对未来建筑世界的描述中，都可以看到这种设计的倾向。在《机械公敌》的未来芝加哥街景中，既有高耸入云的未来超高层建筑群，也有维多利亚风格的传统街区，传统与未来在科幻电影中同时并置，以一种穿越时空的现实感展现在观众面前。在未来城市子整体单元衍生的过程中，子整体作为抽象的容器，混合了传统与未来的元素，然后再以分形的原则进行扩展，造就了一种新旧融合的延续感。

未来的城市是在现有城市的基础上发展而来，因此未来的城市不可能完全脱离传统，全新的建筑形态中必然会融合传统元素。传统的建筑形态和细部让人们产生怀旧的感觉。但未来的城市也不可能完全是传统的，因为完全传统的建筑形式已经无法满足人们未来生活的需求。

系列电影《星球大战》是视觉上充分呈现未来建筑丰富性的绝佳案例。艺术家和建筑师们对未来建筑的想象和憧憬在这部电影中发挥得淋漓尽致。这些想象与憧憬虽然远远超出当下的建造技术条件，却体现了人类突破现有技术限制的强烈渴望。

在《星球大战：克隆人战争》中，编剧乔治·卢卡斯和艺术家们创造出了7种不同的星球作为故事主线展开的空间背景。在其中有完全不同于地球人类的居住环境，这些场景大多展现了分形原则的运用，例如分形迭代的外星人水下基地等（图10.4）。但即使是在外星人居住的环境中，艺术家们创造出来的建筑形象仍然没有完全脱离地球建筑模式的影响。星球大战中的建筑形态不完全是冷冰冰的机器以及所谓的未来派建筑。以人类活动为背景的建筑和社会形态无法完全脱离人类的文化意识和集体记忆，这些外星建筑都不可避免地带有人类地球生活环境的印记。即使在高耸入云、无限延展的未来建筑群中，建筑的某些细节仍然带有传统建筑的影子。这是人类的思维、情感得以寄托的基本要素，因为在传统的延续中，人类找到了地球的感觉、历史的感觉和家乡的感觉。

图10.4 《星球大战》电影中的水下基地

在科幻电影《时间机器》中，19世纪的科学家制造出了时间机器并在时间中漫游。不同的电影场景体现了不同时期的城市建筑环境，时间跨度长达数万年，体现了螺旋式上升的建筑发展历程。有未来的高科技建筑形态，有人类社会濒临灭亡时的世界末日场景，以及世界恢复平静之后人类重新回归原始居住状态时的场景（图10.5）。电影场景中未来人类建筑单体的原型来源于伦佐·皮亚诺设计的吉巴乌文化中心，建筑在电影中则实现了分形的复制与迭代，在整个山谷中蔓延。吉巴乌文化中心的建筑壳体设计取材于喀里多尼亚村庄（Caledonian Village）的传统茅屋，来源于当地土著的本土文化，是一种包含了文化和传统内涵的单体容器。这种单体容器以分形迭代原则进行复制，就必然产生具有文化性的建筑形态。

图10.5 《时间机器》中的未来人类社区（上图）与皮亚诺设计的吉巴乌文化中心（下图）

如同查尔斯·詹克斯提出的"建筑的跃迁"一样，人类进步与发展的历程如同一种跃迁，在跃迁的同时，不可避免地需要一种回到历史原点的支撑。这是斯蒂文·霍尔（Steven Holl）提出的建筑需"锚固"（anchoring）在场所中的建筑基本原则，也是现象学所倡导的回归人类基本感官体验的本能。这种本能驱使人类不断向自然环境汲取灵感，不断地渴望回归自然和历史。

分形的设计方法有可能成为一种自然信息的载体，承载着自然的DNA信息；同时，也可能承载着人类文明进步的信息。完全和地球的建筑传统无关的生活环境，可以满足人类的生理需求，却因未能承载人类的"共同记忆"，而无法满足人类的心理需求。只要社会空间活动的主体仍然是人类，那么建筑学的发展就永远不可能抹杀其发展历程中的痕迹。这种痕迹就是人类的集体记忆，是人类生存的心理积淀，是一种"故乡"的感觉。

11

分形的生命观
与建筑观

本章从建筑全生命周期以及历史观的角度，提出在历史发展进程中，自我相似和分形现象普遍存在。分形规则系统不仅是一种建筑设计手段，更是一种认识手段。建筑师与规划师应从分形的视角，更加宏观地思考建筑的发展。本章探讨了建筑风格、算法的价值、计算机工具的时效性，以及如何辩证地运用分形的哲学观点认识世界。

11.1 | 技术与设计的价值

11.1.1 设计与工具的价值

在第9章讨论的特定技术路线中，需要利用不同功能的"工具节点"，通过数字工具的协同，达到设计目的。例如，在Grasshopper软件中，不同的电池就是具有代表性的工具节点。设计师通过工具节点的不同组合，实现设计输出。

建筑设计与工具的关系，同人类的生产力与生产工具的关系一样。创新产生了工具，工具提高生产效率，效率提高后成果数量的增加引起创新度降低、价值降低，促进工具的继续更新，周而复始，螺旋式上升与发展。人类的创造力和生产效率在这个过程中不断突破。忽视工具的做法是完全错误的，因为那样的创新缺少了工具所赋予的时代性；同样，认为工具产生的创新就是恒久创新的想法也是错误的。因为劳动成果的价值不在于工具，而在于人类的智慧与劳动。

根据资本论的理解，减少了人类创造性劳动输入的成果也就相应降低了价值。工具在提高效率的同时，减少了设计过程的劳动量，设计师要创造更高的附加价值，就必须在工具使用的基础上进一步付出创造性的劳动。例如，原本需要编写复杂的程序语言才能完成的泰森多边形算法，如今在Grasshopper中已经被浓缩为一个具有简单输入操作的工具节点。缺少这个工具节点，绘制泰森多边形就成为一个需要繁复过程才可能完成的任务。但是拥有了这个现成工具节点以后，技术门槛变得不复存在，任何人不需要编程，就能在几秒钟的时间内得出类似的设计成果。利用工具缺省条件得出的成果已经不再具有设计价值。这就需要设计师提供另外一个层次的创造性劳动；也就是在现有工具的基础上，创新性地挖掘原有算法的设计潜力，从而引发有别于缺省算法的设计变异。

上文所阐述的设计方法往往没有一套完整且成熟的设计程序。即使了解分形理论的基本原则，要突破设计过程中各个步骤的技术难关，仍然需要设计师利用自己对各种工具的熟知度，对操作步骤进行具有个性化的设计与选择。设计师在解决问题的过程中，创造了一整套解决问题的流程，不同的流程中需要用到各种工具独特的长处，进而形成一套全新的技术解决方案。

我们无法用工具的先进与否评判一个设计在特定时间节点上的价值，产生价值的永远是人类的创造性劳动。依附于工具先进性的劳动，其价值会迅速消失，如同每18个月计算机硬件或相关设备产品的价格会下降一半一样。而创造性思维活动则可以赋予建筑作品以恒久的艺术价值。

11.1.2　技术价值的时效性

软件如同笔一样，只是一种工具；"善书者不择笔"的根本原因在于，"善书者"掌握的是更为重要的思维方法。

革新性的工具可能给设计师带来思维上的助力，借助工具的强大力量有可能为创作者打开一扇未知世界的大门。当扎哈·哈迪德还未掌握曲面工具的时候，她的思维被局限于线性的建筑形体；当她拥有了强大的形态工具以后，她的思维被解放了。但是，工具只是解放思维的助缘，并不代表思维本身。

在变形球、扫描（sweep）等曲面融合工具刚刚面世的时候，人们往往会被其前所未见的曲面融合形态所诱惑，而忽略了设计本身的价值。当这种技术变成司空见惯的大众化工具以后，人们就不再满足于现有工具的表达和表现能力，转而追求更高层次的创新。工具不再左右思维取向，开始真正为设计思维服务。技术工具的更新与升级是永远没有止境的；而设计思维本身所具有的生命周期，远比任何一种工具的生命周期更长。

当设计师沉迷于计算机屏幕上闪动的三维动画，奇幻的数字虚拟世界在当下让我们感受到了视觉的震撼。可是，这种震撼力能持续多久？

1年，还是2年？软件更新换代之后，就会失去之前所具有的价值。10年前的艺术作品，其价值却会因时间的积淀而增加。路易斯·康在半个多世纪前设计的萨尔克生物研究所，在非线性建筑流行的今天，其静谧和光的空间仍然能让我们这些沉迷于计算机技术的人感到心灵的震撼。

计算机软件工具的更新是从不间断的。依赖于软件工具的设计师也就不得不随时跟从软件的升级换代。现在建筑界风行的"Grasshopper"，几年之后会不会被另一种更新、更强、更人性化的软件平台所替代？答案几乎是肯定的。因为现在的Grasshopper几年前还不曾存在，当时在业界叱咤风云的还是GC、RhinoScript等工具。这些当时曾独占鳌头的软件由于Grasshopper的出现变得不再受设计师的推崇，因为Grasshopper更简单、更直观、更人性化。那么，10年后的我们，是否会因跟不上软件的更新，而失去我们作为设计师的优势？我们作为设计师10年经验积累的价值，与计算机软件10年发展的价值相比，优势何在？

有时不得不令人感叹，越先进的技术，其价值的时效性越强。希望50年之后，面对我们的作品仍然有人感慨，在2020年计算机技术尚"不成熟"的条件下，仍然能达到2070年"成熟"的计算机技术也无法企及的建筑艺术高度。这种感慨与我们现在面对萨尔克生物研究所时产生的感慨是相同的。大浪淘沙，建筑实体作为一种可以相对较长时期留存的人类活动的产物，不应该因为数字技术的迅速迭代而被时代抛弃。

11.2 | **用分形的观点看世界**

所有事物的发展过程都要经历波峰和波谷，到达极鼎盛的时期后，必然会走下坡路；等到达波谷之后，又会继续发展，直至到达它的下一个顶峰。这是与时间有关的动态变化过程，是时间维度上的分形。任何事物的发展曲线都不是完全平滑的曲线。在上行总体趋势下放大来观察，同样有上行曲线中的波峰和波谷，在不同尺度和时间范围内都具有自我相似的特征。几千年前的社会变化规律，与现在实际上并没有本质的区别。一个国家的兴衰，一个时代的变迁，会在另一个国家、另一个时代重现，以史为鉴的原因也就在于社会发展的自我相似性。

　　分形的观点同样可以用于解释人生的起伏。个人的人生轨迹和社会发展历程是相似的，在一个大的周期起落的趋势中，仍然有许多小的起落。个人所经历的所有人生曲线，会以自我相似的形式，体现在其他个体身上。东西方哲学中都有的"轮回"观点，实际上是对人生分形哲学的另外一种解释。

11.3 ｜ 论建筑的生与死：建筑生命周期的分形

　　世间万物都有生死，永恒的事物是不存在的，存在时间长如星系、恒星，也有衰亡的一天。太阳的稳定期为100亿年，现在太阳处于46亿年的中年期，它的一生度过主序星以前阶段、主序星阶段、红巨星阶段以后，也会逐渐走到生命的尽头——白矮星阶段。

　　自然现象尚且如此，任何人文现象更是无法逃避盛衰、兴亡的演变过程。人的生命以百年计，普通建筑的生命周期却还不足百年。建筑形式语言所形成的风格也有其产生、发展、消亡的过程。人的肉体消亡了，其思想却可以借助他人的继承和发扬而得以长存。同一时代、同一风格的建筑千千万万，在时间的长河里优胜劣汰，其中只有极少数能成为超越时代的所谓"不朽"的经典。这些有留存价值的建筑经典如同春天里的种子。它们的物质实体在战争中、在时间的飞速流逝中、在快速城市化的进程中，被摧毁、被替代。但是它们的生命力却始终展现在阿尔多·罗西所称的

"人类的集体记忆"之中。在历史的某个时刻，将以另一种物质存在方式获得重生，就像在文艺复兴中重生的古希腊、古罗马建筑风格一样。

日本的伊势神宫每隔20年要把建筑焚毁再重建，这项仪式被称为"式年迁宫"，最近一次是在2013年，也是第62次式年迁宫，下一次将在2033年。伊势神宫每20年拆除并重建一次，它的生命周期就是精确的20年。现在的伊势神宫即使是最初建筑物的精确复制品，也只能称之为它的第62代子孙，并且很快，62代子孙将由第63代子孙所代替。无论它被克隆得多么完美，它的原始物质实体已经消亡，仅有建筑风格留存至今，如同人类肉体的消亡和精神的延续一般。

许多人在探讨当今中国社会建筑形式趋同的现象，批判建筑风格的迷失，以及中国"千城一面"现象背后的社会动因，由此引发了具有社会责任感的建筑师对中国当下建筑现象的忧虑。然而，如果把建筑现象视作一个在时间长河中不断变迁的生命体，就不难理解，在中国当今社会为什么会出现这样大规模缺少艺术价值的建筑。这种形成中国城市"千城一面"现象的所谓"失语症"建筑，仅仅是满足了特定发展阶段中特定社会需求的产物。这类建筑以一种社会代价最小的方式——大量模仿、大量抄袭、快速建造而产生，代表了中国高速发展阶段的"中国式功能主义"，但其艺术价值却是极低的。在满足了最初的功能需求后，它们就被废弃而渐渐进入生命周期的尾声，这就是现代中国建筑的实际使用寿命仅有30年的原因。

我在父亲弥留的病床前写下了这一章节。看着父亲的呼吸渐渐微弱，作为亲人的心痛让我再次清晰地回忆起父亲是如何从一个风华正茂的青年，步入稳健的中年，又变成活泼开朗外向的老人，直至病魔一点点夺走他的生气与活力。他沉重的呼吸声伴随着时断时续的呻吟，让我知道他正用什么样的毅力与癌症进行着对抗。他的痛苦也告诉我们，生老病死乃是大自然的规律，如此痛苦的生其实不如无痛苦的长眠。朱自清《背影》中描述了父亲不再年轻的身体承载了我们对亲情的眷恋和对岁月流逝的感慨。每个人都有衰亡的一天，永恒的日月星辰尚且如此，更何况是如此脆弱渺小的我们。

然而生命总还在延续，父亲的生命与思想凝结成了今天的我，我的生命与思想又凝聚在我的儿子和将来他的下一代身上。

这让我想起50年前勒·柯布西耶在他父亲病床前的感悟，这份感悟与他当时的痛苦被记录于《勒·柯布西耶书信集》中。可如今，他也早已故去，不朽的是他留下的里程碑式的现代建筑作品和他激进的建筑理念。这些已化为文学符号的思想在勒·柯布西耶故去后，仍然极大地影响着这个时代建筑师的观念与创作。他在父亲病床前的心痛竟也如跨越时空般降临在彼时的我心中，等待着时光将它消散的那一刻。时代在变，世界在变，生老病死的规律却亘古不变，对生命的依依不舍也从来没有因为时间的流逝有丝毫的变化。

对生命的思索，让我更清晰地去理解其他人文现象中的生死观。月有阴晴圆缺，日有东升西落，国家有兴亡，朝代有更替；建筑作为人类思想和行为的产物，自然也有其生命周期。建筑物作为物质实体的生命能有多少年？500年？还是5000年？一幢建筑物从破土动工到建成，再到因废弃而倾圮，正如人的孕育、出生、成长，到衰老、故去一样。一个时代的建筑风格在一幢建筑的坍塌中消失了，却在另一幢建筑中得到了延续；一个时代所有的建筑特征积淀下来，形成了那个时代建筑的印记。

所有留存下来的建筑无论在当时被如何评价，都因为有了时间的印迹而成为历史。哥特建筑在中世纪是"前卫"而"高技"的，在现代则变为"古典"。勒·柯布西耶的现代主义建筑在20世纪20~30年代是"超前"的，与当时的建筑理念格格不入，现在却变成了建筑师尽人皆知的建筑理念。20世纪60~90年代的后现代主义建筑是"流行"的，现在却已"过时"。建筑风格的变迁也如同生命体一样，从全盛时期被到处复制，到老年时期的停滞不前，再到衰败之后被另一种风格所取代。

建筑风格的更替也如同服装风格的更替。服装潮流瞬息万变，不同时代的服装风格在过了它的生命全盛期后，就只能作为出现在博物馆、舞台或个人化的休闲生活场合，而无法在较为正式的社会生活中继续发挥作用。试想一下任何人穿着唐装上班、参加会议等较为正式的社会活动，肯定会被视为不妥。

人们对建筑风格的宽容度却显然大得多。建筑风格的多样性如同诸子百家，各展其能又针锋相对。每种风格在它们的全盛时期具有很强的复制性，所产生的大量建筑，有无数精华，也有无数糟粕。对中国古代建筑的大屋顶、古希腊神庙、古罗马柱式等任何一种已经退出生命全盛期的建筑风格的单纯模仿都将在以后的某个时期、某种特定的建筑类型中不断出现，然而这些已经衰亡的建筑风格永远不会成为当代建筑风格的主体，无法成为当下大量性建筑和城市风貌的主导。

建筑风格的演变遵循螺旋式上升的趋势，其中最为典型的例子是文艺复兴建筑。文艺复兴建筑即使是完全照搬两千年前古希腊、古罗马建筑的风格和柱式等，也已经深深地打上了中世纪晚期社会、政治、经济的烙印，是另外一种新的建筑风格了。和生物的多样性一样，建筑风格也必然是多样的。和事物发展的螺旋式上升趋势一样，建筑风格也同样呈螺旋式上升趋势发展。

建筑的功能价值是具有时效性的，功能价值会随时间的推移而消逝，最终只留下建筑实体本身。因此，抛开时间因素考虑建筑的功能是没有意义的。例如，一个两千年前的瓦罐，当时这个瓦罐具有器皿的功能，被用来装水或盛饭；今天瓦罐最初的功能已经不再重要，它被作为一种文化的载体放在博物馆里，供人观赏与研究。雅典卫城的帕提农神庙遗址作为一个超越时间因素的人造物，它被建造时的祭祀功能已经消失，但其建筑实体却留存下来，成为古希腊建筑古典时期的象征和代表。北京紫禁城从明清两朝的宫城到如今故宫博物院的转变，卢浮宫从始建于13世纪的法国王宫到今天的世界四大博物馆之一的变迁等，不胜枚举。因此，当我们从更长的历史阶段来看建筑的发展，功能主义和形式主义的争论已不再具有意义。功能是瞬时性的，而空间与形式是历时性的。

我们不可能抛开当下的历史因素，去创造一种完全没有具体功能的建筑形态。但对于功能应该从更长的历史阶段去理解，创造出一种既能满足当下的功能需求，又能在特定功能消失后仍然具有精神文化内涵的建筑，让建筑的生命尽可能长久地得以延续。

宣判"现代建筑已经死亡"的美国当代著名建筑评论家查尔斯·詹克斯，却在20世纪90年代末定义了一种新的建筑风格——"宇源建筑"，以此解释当代复杂性科学对建筑及其文化的影响。"宇源建筑"是现代主义的，还是属于未来的？我们这个时代的各种形形色色的建筑"风格"和"主义"，是勒·柯布西耶所倡导的现代主义建筑的不同"年龄阶段"，还是真的如詹克斯所断言：现代建筑早已于"1972年7月15日下午3时32分死于美国密苏里州的圣路易斯城"？

我们已经太习惯于给各种建筑现象贴上各种名目的标签，犹如植物学家给植物分类一样，无论这些建筑现象的始作俑者是否愿意接受。如果我们脱离现在的时空，站远一点看，如同我们现在回顾中西方古代建筑史一样，评判现在这个纷繁复杂的建筑世界，是不是所有这些所谓的风格、流派都会洗尽铅华，只留下一个快速发展的时代印记，而统统被归于"大发展时代的风格"？

在科幻电影《人工智能》的结尾有这样的情节：数亿年后人类已经不复存在，纽约的曼哈顿岛已经完全沉入大西洋海底。人类已经毁灭，主宰地球生存环境的唯有自然法则。当代表人类都市最高文明的曼哈顿犹如庞贝古城一般被埋葬于大西洋海底时，那时地球上的智能生物对我们这个时代的评价，甚至对整个人类文明的评价，也只是"曾经存在"的一段短暂历史而已（图11.1）。

图11.1 人工智能（Midjourney）软件生成的未来场景

在我们今人看来，庞贝古城仅仅留下了残存的遗迹，令我们感叹生命的易逝，凭吊古城辉煌的文明。从这个角度来讲，现象学追求建筑的物质实体对人体空间感受的影响，也许才是最本质的。矶崎新关于废墟的描述和理论也并不是一种悲观和消极的思想。因为不可避免地，所有人类的建筑成就终将在历史长河中化为废墟，而在废墟之上，又将有新的文明和建筑风格产生。如此生生不息，循环不止（图11.2）。这就是生命的分形。

图11.2　Midjourney生成的末日废墟场景

图片来源
Image Credit

1

图1.1　BOVILL C. Fractal Geometry in Architecture and Design[M]. Boston: Birkhauser, 1996.

图1.2　CASTELLANI B, HAFFERTY F W. Sociology and Complexity Science: A New Field of Inquiry[M]. Berlin:Springer-Verlag, 2009.

2

图2.1　PRUSINKIEWICZ P, LINDENMAYER A. The Algorithmic Beauty of Plants[M]. New York: Springer-Verlag, 1990：34.

图2.3　林迅. 对称与图形创意[M]. 上海：上海交通大学出版社，2009：160.

图2.4　SCHATTSCHNEIDER D. M.C.Escher：Vision of Symmetry[M]. London：THAMES & HUDSON, 2004：253.

图2.5、图2.12　JENCKS C. The Architecture of the Jumping Universe-A Polemic：How Complexity Science Is Changing Architecture and Culture[M]. Academy Edition, 1995：170, 176.

图2.7　王其钧. 中国建筑图解词典[M]. 北京：机械工业出版社，2007：12.

图2.10 EATON L K. Fractal Geometry in the Late Work of Frank Lloyd Wright[M]. University of Michigan, USA.

图2.11 WESTON R. Utzon[M]. Denmark：Edition Bløndal, 2002：169.

图2.13 埃舍尔绘，紫图大师图典丛书编辑部编. 埃舍尔大师图典[M]. 西安：陕西师范大学出版社，2003：206.

3

图3.1、图3.18　斯特凡·希尔德布兰特，安东尼·特隆巴. 惺惺宇宙：自然界里的形态和造型[M]. 沈葹，译. 上海：上海教育出版社，2004：15，261.

图3.2　勒·柯布西耶. 模度[M]. 张春彦，邵雪梅，译. 北京：中国建筑工业出版社，2011：29.

图3.22　RINZLER J W. The Art of Star Wars：EpisodeⅢ Revenge of the Sith[M]. Random House Publishing Group, 2005：12.

图3.24　布鲁诺·恩斯特. 魔镜：埃舍尔的不可能世界[M]. 田松，王蓓，译. 上海：上海科技教育出版社，2002.

4

图4.2　RIAN I M. Fractal Geometry as the Synthesis of Hindu Cosmology in Kandariya Mahadev Temple[J]. Building and Environment, 2007, 11：93.

图4.20　清华IFS分形工作营，吴婉琳

图4.23　约翰·葛瑞本. 深奥的简洁：从混沌、复杂到地球生命的起源[M]. 长沙：湖南科学技术出版社，2008：56.

图4.24、图4.25　海因茨·奥托·佩特根，哈特穆特·于尔根斯，迪特马尔·绍柏. 混沌与分形——科学的新疆界[M]. 田逢春，译. 北京：国防工业出版社，2008：157.

5

图5.1　大卫·马林，凯瑟琳·鲁库克斯. 从粒子到宇宙：肉眼看不见的极美世界[M]. 齐晴，等译. 北京：北京联合出版公司，2017：166.

图5.4、图5.5　清华大学课程设计，袁晓宇、严雨

图5.6、图5.7　PRUSINKIEWICZ P, LINDENMAYER A. The Algorithmic Beauty of Plants [M]. New York：Springer-Verlag, 1990：22, 25.

图5.10 清华大学课程作业，吴婉琳

图5.17 清华参数化课程设计作业，王凤涛、顾芳

图5.18 CROMPTON D. A Guide to Archigram 1961-74[M]. New York：Princeton
Architectural Press, 2012：191.

图5.23（c）清华大学参数化设计课程作业，陆达、汪民权

6

图6.4 刘华杰. 分形艺术[M]. 长沙：湖南科学技术出版社，1998.

图6.5 EGLASH R. African Fractals：Modern Computing and Indigenous Design[M].
New Brunswick NJ：Rutgers University Press, 1999：136.

图6.6 SCHATTSCHNEIDER D. M.C.Escher：Vision of Symmetry[M]. London：
THAMES & HUDSON, 2004：253.

图6.8 厦门大学课程设计，刘露茜

图6.12 BOVILL C. Fractal Geometry in Architecture and Design[M]. Boston：
Birkhauser, 1996：122.

图6.22 清华大学参数化设计课程作业，郑林

7

图7.2 SCI-Arc参数化设计课程作业，Peter Kekich

图7.5 清华大学参数化设计课程作业，赵波、孙梦诗

图7.10，图7.11 SCI-Arc参数化设计课程作业，Peter Kekich

图7.12 清华大学参数化设计课程作业，蔡泽宇、杜頔康、曹嫄红

图7.16 SCI-Arc参数化设计课程作业，Peter Kekich

图7.19 清华大学参数化设计课程作业，梁迎亚、余浩昌、吴同

8

图8.18 WOLFRAM S. A New Kind of Science[M]. Wolfram Media Inc.，2002：180.

图8.19、图8.21 清华大学参数化设计课程作业，李辉、Reva

图8.24 清华大学参数化设计课程作业，汪民权、陆达

图8.26 BAICHTAL J, MENO J. The Cult of LEGO[M]. No Starch Press, 2011：10.

图8.27 KUIPERS N, ZAMBONI M. The LEGO Build-It Book Vol.1：Amazing Vehicles[M]. 1st ed. No Starch Press, 2013.

图8.28、图8.29 DOYLE M. Beautiful LEGO [M]. No Starch Press, 2013：127.

图8.30 BAICHTAL J, MENO J. The Cult of LEGO[M]. No Starch Press, 2011：188.

图8.31 WESTON R. Utzon[M]. Denmark：Edition Bløndal, 2002：135.

9

图9.1、图9.3 清华大学参数化设计课程作业，梁迎亚、余浩昌、吴同

图9.4、图9.5、图9.8 清华大学—SCI-Arc参数化设计课程作业，Gyoung Ming Ko

图9.9 清华大学参数化设计课程作业，张伟、舒畅

图9.10 WESTON R. Utzon[M]. Denmark：Edition Bløndal, 2002：169.

图9.11 清华大学参数化设计课程作业，郝田、黄海阳、覃斯之

10

图10.1 LIN Z J. Kenzo Tange and the Metabolist Movement：Urban Utopias of Modern Japan[M]. London：Routledge, 2010：145.

图10.2 CROMPTON D.A Guide to Archigram 1961-74[M]. New York：Princeton Architectural Press, 2012：116.

图10.3 黑川纪章. 黑川纪章城市设计的思想与手法[M]. 覃力，等译. 北京：中国建筑工业出版社，2004：16, 18.

图10.4 BRESMAN J. The Art of Star Wars：Episode Ⅰ The Phantom Menace[M]. Del Rey, 1999：54.

参考文献
Bibliography

专 著

[1] 伯努瓦·B. 芒德布罗. 大自然的分形几何学[M]. 陈守吉，凌复华，译.
     上海：上海远东出版社，1998.

[2] 肯尼思·法尔科内. 分形几何：数学基础及其应用[M]. 曾文曲，刘世耀，
     戴连贵，等译. 沈阳：东北大学出版社，1991.

[3] 勒·柯布西耶. 走向新建筑[M]. 陈志华，译. 西安：陕西师范大学出版
     社，2004.

[4] W. 博奥席耶. 勒·柯布西耶全集　第4卷　1938～1946年[M]. 牛燕芳，
     程超，译. 北京：中国建筑工业出版社，2005.

[5] 尼尔·林奇，徐卫国. 数字建构：青年建筑师作品[M]. 北京：中国建筑工
     业出版社，2008.

[6] 布鲁诺·恩斯特. 魔镜：埃舍尔的不可能世界[M]. 田松，王蓓，译. 上
     海：上海科技教育出版社，2002.

[7] M. 伦迪. 典雅的几何[M]. 张菽，译. 长沙：湖南科学技术出版社，2004.

[8] 海因茨·奥托·佩特根，哈特穆特·于尔根斯，迪特马尔·绍柏. 混沌与
     分形——科学的新疆界[M]. 田逢春，译. 北京：国防工业出版社，2008.

[9] 多萝西·K. 沃什伯恩，唐纳德·W. 克罗. 设计艺术原理：设计·对称性
     设计教程与解析[M]. 沈晓平，译. 天津：天津大学出版社，2006.

[10] 鲁道夫·阿恩海姆. 视觉思维——审美直觉心理学[M]. 滕守尧，译. 成
     都：四川人民出版社，1998.

[11] 鲁道夫·阿恩海姆. 建筑形式的视觉动力[M]. 宁海林，译. 北京：中国建
     筑工业出版社，2006.

[12] 斯蒂芬·巴尔. 拓扑实验[M]. 许明，译. 上海：上海教育出版社，2002.

[13] 王敬庚. 直观拓扑[M]. 5版. 北京：北京师范大学出版社，2001.

[14] 波尔金斯基，叶夫来莫维奇. 漫谈拓扑学[M]. 高国士，译. 南京：江苏科学技术出版社，1983.

[15] 彭一刚. 建筑空间组合论[M]. 3版. 北京：中国建筑工业出版社，2008.

[16] 徐人平. 设计数学[M]. 北京：化学工业出版社，2006.

[17] 刘华杰. 分形艺术[M]. 长沙：湖南科学技术出版社，1998.

[18] 《建筑与都市》中文版编辑部. 塞西尔·巴尔蒙德[M]. 北京：中国电力出版社，2008.

[19] 凯文·林奇. 城市意象[M]. 方益萍，何晓军，译. 北京：华夏出版社，2001.

[20] 罗伯特·文丘里. 建筑的复杂性与矛盾性：建筑理论译丛[M]. 周卜颐，译. 北京：中国建筑工业出版社，1991.

[21] W. 博奥席耶. 勒·柯布西耶全集：第4卷·1938～1946年[M]. 牛燕芳，程超，译. 北京：中国建筑工业出版社，2005.

[22] 孙霞，吴自勤，黄畇. 分形原理及其应用[M]. 合肥：中国科学技术大学出版社，2003.

[23] 吴鹤龄. 七巧板、九连环和华容道——中国古典智力游戏三绝[M]. 北京：科学出版社，2004.

[24] H. W. 伊弗斯. 数学圈[M]. 李泳，译. 长沙：湖南科学技术出版社，2007.

[25] 甘尼·莎孔恩，玛丽-简·韦伯. 阿基米德视幻觉游戏[M]. 杜燕霞，译. 北京：中国友谊出版公司，2007.

[26] 埃舍尔绘，紫图大师图典丛书编辑部编. 埃舍尔大师图典[M]. 西安：陕西师范大学出版社，2003.

[27] 张诃. 埃舍尔魔镜[M]. 西安：陕西师范大学出版社，2005.

[28] 雷德侯. 万物：中国艺术中的模件化和规模化生产[M]. 张总，等译. 上海：生活·读书·新知三联书店，2005.

[29] 陈慎任，等. 设计形态语义学——艺术形态语义[M]. 北京：化学工业出版社，2005.

[30] 李泽厚. 华夏美学·美学四讲[M]. 上海：生活·读书·新知三联书店，2008.

[31] 李允鉌. 华夏意匠：中国古典建筑设计原理分析[M]. 天津：天津大学出版社，2005.

[32] 王晓. 新中国风建筑设计导则[M]. 北京：中国电力出版社，2008.

[33] 李诫撰，邹其昌点校. 营造法式[M]. 修订本. 北京：人民出版社，2011.

[34] 施维琳，丘正瑜. 中西民居建筑文化比较[M]. 昆明：云南大学出版社，2007.

[35] 伊东丰雄建筑设计事务所. 建筑的非线性设计：从仙台到欧洲[M]. 慕春暖，译. 北京：中国建筑工业出版社，2005.

[36] 赵广超. 不只中国木建筑[M]. 上海：生活·读书·新知三联书店，2006.

[37] 朱力. 非线性空间艺术设计[M]. 长沙：湖南美术出版社，2008.

[38] 胡宏述. 基本设计——智性、理性和感性的孕育[M]. 北京：高等教育出版社，2008.

[39] 林迅. 对称与图形创意[M]. 上海：上海交通大学出版社，2009.

[40] 王其钧. 中国建筑图解词典[M]. 北京：机械工业出版社，2007.

[41] 斯特凡·希尔德布兰特，安东尼·特隆巴. 悭悭宇宙：自然界里的形态和造型[M]. 沈蒇，译. 上海：上海教育出版社，2004.

[42] 勒·柯布西耶. 模度[M]. 张春彦，邵雪梅，译. 北京：中国建筑工业出版社，2011.

[43] 约翰·葛瑞本. 深奥的简洁：从混沌、复杂到地球生命的起源[M]. 长沙：湖南科学技术出版社，2008.

[44] 大卫·马林，凯瑟琳·鲁库克斯. 从粒子到宇宙：肉眼看不见的极美世界[M]. 齐晴，等译. 北京：北京联合出版公司，2017.

[45] JENCKS C. The Architecture of the Jumping Universe-A Polemic：How Complexity Science Is Changing Architecture and Culture[M]. Academy Edition，1995.

[46] MANDELBROT B B. The Fractal Geometry of Nature[M]. W.H. Freeman and Company, 1982.

[47] TERZIDIS K. Algorithmic Architecture[M]. Architectural Press/Elsevier, 2006.

[48] BALMOND C. Informal[M]. Prestel USA, 2002.

[49] CASTELLANI B, HAFFERTY F W. Sociology and Complexity Science: A New Field of Inquiry[M]. Berlin: Springer-Verlag, 2009.

[50] GRUNBAUM B, SHEPHARD G C. Tilings and Patterns: An Introduction[M]. New York: W. H. Freeman & Co., 1987.

[51] BOVILL C. Fractal Geometry in Architecture and Design[M]. Boston: Birkhauser, 1996.

[52] WESTON R. Utzon[M]. Denmark: Edition Bløndal, 2002.

[53] PEARCE P. Structure in Nature Is A Strategy for Design[M]. Cambridge: MIT Press, 1978.

[54] HAMBIDGE J. The Elements of Dynamic Symmetry[M]. New York: Dover Publications, 1967.

[55] ARANDA B, LASCH C. Pamphlet Architecture 27: Tooling[M]. Princeton: Princeton Architectural Press, 2005.

[56] VYZOVITI S. Folding Architecture Spatial, Structural and Organizational Diagrams[M]. Berkeley: Gingko Press Inc., 2003.

[57] EISENMAN P. Diagram Diaries[M]. Universe Publishing, 1999.

[58] PAJARES-AYUELA P. Cosmatesque Ornament: Flat Polychrome Geometric Patterns in Architecture[M]. New York: W. W. Norton & Company, 2002.

[59] BERKEL B V, Bos C. UN Studio: Design Models - Architecture, Urbanism, Infrastructure[M]. Rizzoli, 2006.

[60] FERRE A, SAKAMOTO T, Kubo M. The Yokohama Project[M]. Actar, 2002.

[61] EISENMAN P, et al. Blurred Zones: Investigations of The Interstitial Eisenman Architects 1988-1998[M]. The Monacelli Press, 2003.

[62] WACHMAN A, BURT M, KLEINMANN M. Infinite Polyhedra[M]. Faculty of Architecture and Town Planning of the Technion, Israel Institute of Technology, 2005.

[63] FREDERICKSON G N. Dissections: Plane and Fancy[M]. Cambridge University Press, 2003.

[64] JOHNSON P. Creating with Paper: Basic Forms and Variations[M]. New York: Dover Publications, 2012.

[65] CHATANI M. Pop-Up Greeting Cards[M]. Ondorisha Publishers, 1986.

[66] SCHATTSCHNEIDER D. M. C. Escher: Visions of Symmetry[M]. London: THAMES & HUDSON, 2004.

[67] WOLFRAM S. A New Kind of Science[M]. Wolfram Media Inc., 2002.

[68] RINZLER J W. The Art of Star Wars: Episode Ⅲ Revenge of the Sith[M]. Random House Publishing Group, 2005.

[69] PRUSINKIEWICZ P, LINDENMAYER A. The Algorithmic Beauty of Plants[M]. New York: Springer-Verlag, 1990.

[70] BAICHTAL J, MENO J. The Cult of LEGO[M]. No Starch Press, 2011.

[71] EGLASH R, ODUMOSU T B. Fractals, Complexity, and Connectivity in Africa [M]. Monza/Italy: Polimetrica International Scientific Publisher, 2005.

[72] 沈源. 整体系统: 建筑空间形式的几何学构成法则[D]. 天津: 天津大学建筑学院, 2010.

[73] 马烨. 建筑及组群形态的分形几何学研究[D]. 上海: 同济大学建筑与城市规划学院, 2007.

[74] 杨正涛. 建筑的非线性设计方法研究[D]. 杭州: 浙江大学, 2007.

[75] 赵远鹏. 分形几何在建筑中的应用[D]. 大连: 大连理工大学, 2003.

[76] 黄岚. 建筑形式的分形维度[D]. 大连: 大连理工大学, 2009.

[77] 于雅琴. 分形建筑设计方法研究[D]. 大连: 大连理工大学, 2008.

[78] 滕军红. 整体与适应——复杂性科学对建筑学的启示[D]. 天津大学, 2003.

连续出版物

[1] 黄献明. 复杂性科学与建筑的复杂性研究[J]. 华中建筑，2004（04）.

[2] 曹永卿. 混沌与城市规划[J]. 规划师，1999，15（5）.

[3] 陈彦光. 分形城市与城市规划[J]. 城市规划，2005，29（2）：33-40.

[4] 代婉莹，宗跃光. 从分形看建筑与城市设计[J]. 山西建筑，2009，35（33）：3-5.

[5] 丁志伟，刘静玉，刘勇. 基于分形理论的中原城市群规模序列和空间结构研究[J]. 河南科学，2010（3）.

[6] 顾红男，李俊. 从分形学角度看山地城市规划与设计[J]. 山西建筑，2010（1）.

[7] 霍连明. 基于分形理论谈安徽沿江环湖城市群的建立[J]. 价值工程，2010（4）.

[8] 姜常梅，赵明华，韩荣青. 城市规模分布的分形描述[J]. 山东师范大学学报，2005（3）：61-64.

[9] 刘继生，陈彦光. 城市、分形与空间复杂性探索[J]. 复杂系统与复杂性科学，2004（3）：62-69.

[10] 冒亚龙，欧阳梅娥. 山地城市的分形美学特征[J]. 山地学报，2007，24（3）：148-152.

[11] 丘雷，张静，房阳. 从分形与生态探索城市[J]. 新建筑，2002（3）.

[12] 苏宏志，陈永昌. 混沌和分形理论揭示了建筑和城市演化的图景[J]. 新建筑，2008（2）：75-78.

[13] 吴越，王冉然. 分形与城市规划[J]. 现代城市研究，2010（4）：53-57.

[14] 徐建刚，韩雪培. 城市住宅区遥感影像的分形特征研究[J]. 遥感信息，1996（2）：6-8.

[15] 杨滔. 分形的城市空间[J]. 城市规划，2008（6）.

[16] 余瑞林，王新生，刘承良. 武汉城市圈城市空间形态特征及其变化[J]. 资源开发与市场，2008（6）.

[17] 詹庆明，徐涛，周俊．基于分形理论和空间句法的城市形态演变研究[J].
华中建筑，2010（4）.

[18] 张静，丘雷．城市分形特征及其应用[J]．规划师，2002（5）：72-75.

[19] 张静．城市分形与城市建筑策划[J]．华中建筑，2006（10）：62-64.

[20] 张扬，郑先友．分形学对建筑与城市设计领域的启示[J]．工程与建设，
2008，22（2）：170-172.

[21] 张宇星．城市和城市群形态的空间分形特性[J]．新建筑，1995（3）：42-46.

[22] 赵辉，王东明，谭许．沈阳城市形态与空间结构的分形特征研究[J]．规划
师，2007（2）.

[23] 孙锡麟．转折——形体的本质[J]．美术研究，1988（04）.

[24] 李雪垠．阿恩海姆艺术心理学对埃舍尔版画张力的解析[J]．四川戏剧，
2009（6）：134-136.

[25] 李建设．埃舍尔的图形悖论[J]．河南大学学报，2003（6）：124-126.

[26] 高雪芬，高兴媛．浅谈几何学在艺术设计方面的应用[J]．大学数学，2005
（2）：1-4.

[27] 王晖，曹康．镶嵌几何在当代建筑表皮设计中的应用[J]．浙江大学学报，
2009（6）：1095-1101.

[28] 张小华，吴卫．艺术与科学的结合：从契合到渐变再到分形——埃舍尔作品
风格转变新论[J]．郑州轻工业学院学报：社会科学版，2010（2）：46-49.

[29] 徐卫国，非线性建筑设计[J]，建筑学报，2005（12）：32-35.

[30] 孙璐．动态分形艺术与舞蹈动感美[J]．山东社会科学，2007（7）：63-65.

[31] 何方容，包振华，陈东方．纺织图案设计中分形艺术的应用[J]．染整技
术，2007（8）：7-9.

[32] 杨艳，马红亮．分形艺术之美[J]．美术观察，2004（5）：101-101.

[33] 王建，汪俊琼．论分形艺术美的本质[J]．哈尔滨工业大学学报，2008（6）.

[34] 林小松，吴越．分形几何与建筑形式美[J]．中外建筑，2003（6）：58-61.

[35] 尹栖凤，程璐．艺术与科学的和谐表现——分形艺术在信息艺术设计中的
应用[J]．美与时代，2009（2）：84-85.

[36] 李世芬，赵远鹏. 空间维度的扩展——分形几何在建筑领域的应用[J]. 新建筑，2003（2）：56-57.

[37] 冒亚龙，雷春浓. 一种理性的建筑设计与评价视角——应用分形的建筑设计尝试[J]. 重庆建筑大学学报，2005，27（4）：4-9.

[38] 毛颖，符宗荣. 从分形之美看建筑——建筑设计新的创作思路与表达形式[J]. 室内设计，2009（1）：16-19.

[39] 李德仁，廖凯. 从混沌分形看中国古典建筑与园林设计[J]. 武汉测绘科技大学学报，1998（9）：189-193.

[40] 李金萍. 分形几何与洪家楼教堂建筑形式美[J]. 中国科技信息，2007（22）：191-191.

[41] 林小松，吴越. 分形美学——超越传统形式美的全新美学[J]. 新建筑，2004（3）：70-71.

[42] 王文，刘弘，王霞. 分形在建筑造型设计中的应用[J]. 土木建筑与环境工程，2009（6）：142-146.

[43] 李刚，徐人平. 基于Peano曲线的几何条纹形建筑纹样设计[J]. 重庆建筑大学学报，2007，29（5）：49-52.

[44] 王文，苏鹏，王霞. 基于分形几何构建和谐建筑方法的研究[J]. 建筑科学，2009（2）：20-23.

后 记
Postscript

　　自从2015年完成博士论文《基于分形理论的建筑形态生成》之后，一晃又过去了8年。在这8年中，我遵循原有的分形理论框架，始终将"分形"作为一种贯穿研究、教学和建筑工程实践的线索，去指导设计，产生了一系列新的实践和教学成果，进而对建筑与分形理论的关联也有了更深层次的认识。这次借《分形建筑》一书的出版，对新的教学和实践成果进行了重新梳理，对原有研究框架中一些具有较强时效性的内容进行了删减，去除了与特定软件操作有关的表述内容。

　　数字技术日新月异，计算机软件和算法层出不穷，甚至基于人工智能技术的建筑设计方法与工具也已经进入设计市场。但回顾这十几年来对分形的研究，却发现分形理论架构是独立于数字工具之外的。新的算法、软件与工具的出现并没有令这种方法论显得过时，反而让这个架构更为清晰，实现的手段也更为丰富与便捷，展现出更强的拓展性。

　　《分形建筑》一书只是对近10年间的相关思考作了一个小结。我对分形的研究仍在继续，对于分形和建筑关系的理解，随着项目和研发工作的开展仍将不断深入。如同分形在时间维度上的生长迭代一样，我相信分形理论也可以推陈出新，仿佛一棵不断生长的树，具有旺盛的生命力。

林毅达

2023于厦门

致　谢
Acknowledgements

衷心感谢清华大学徐卫国教授对本研究的悉心指导。徐教授在产学研一体化领域的不懈努力以及具有前瞻性的国际视野，都令我受益良多。

感谢厦门合立道工程设计集团股份有限公司对本书的大力支持，为分形建筑理论研究与设计实践的结合提供了一个良好的平台。书中大量的原创设计案例都来自于集团的工程实践，在此感谢相关设计团队的辛苦付出。

感谢清华大学、南加州建筑学院、厦门大学等高校相关设计课程的师生为本研究提供的出色案例。

感谢我的家人对我的研究与实践工作的全心付出。在我攻读博士学位期间，敬爱的父亲离我而去。伟大的父爱和失去亲人的感悟，令我对生命、建筑和分形有了不同的理解。